"十四五"职业教育国家规划教材

电梯运行与安全管理技术

第 2 版

主　编　李乃夫　王艳冬　姚　宇

参　编　陈碎芝　岑伟富　何国宁

主　审　曾伟胜

机械工业出版社

本书是"十四五"职业教育国家规划教材，是根据《电梯安装与维修保养专业人才培养方案》，同时参考有关的国家职业技能标准和行业职业技能鉴定规范，并结合目前中等职业学校的教学实际情况编写的。

本书的主要内容包括电梯的使用和管理、电梯的维修、电梯的维护保养和自动扶梯。本书的编写着力体现教学内容的先进性和前瞻性，突出专业领域的新知识、新技术、新工艺、新设备。

本书可作为中等职业学校电梯安装与维修保养专业的教材，也可作为职业技能培训和从事电梯技术工作人员的参考用书。

为方便教学，本书配套电子教案、PPT课件、习题答案、模拟试题及答案等资源，选用本书作为教材的教师可登录 www.cmpedu.com 注册并免费下载。

图书在版编目（CIP）数据

电梯运行与安全管理技术／李乃夫，王艳冬，姚宇主编. -- 2版. -- 北京：机械工业出版社，2025.4.
（"十四五"职业教育国家规划教材）. -- ISBN 978-7-111-78367-1

Ⅰ. TU857

中国国家版本馆 CIP 数据核字第 2025X7K100 号

机械工业出版社（北京市百万庄大街 22 号　邮政编码 100037）
策划编辑：赵红梅　　　　　　责任编辑：赵红梅　王　荣
责任校对：樊钟英　李小宝　　封面设计：张　静
责任印制：张　博
北京铭成印刷有限公司印刷
2025 年 8 月第 2 版第 1 次印刷
184mm×260mm・12.75 印张・315 千字
标准书号：ISBN 978-7-111-78367-1
定价：39.00 元

电话服务　　　　　　　　　网络服务
客服电话：010-88361066　机　工　官　网：www.cmpbook.com
　　　　　010-88379833　机　工　官　博：weibo.com/cmp1952
　　　　　010-68326294　金　书　网：www.golden-book.com
封底无防伪标均为盗版　机工教育服务网：www.cmpedu.com

关于"十四五"职业教育
国家规划教材的出版说明

为贯彻落实《中共中央关于认真学习宣传贯彻党的二十大精神的决定》《习近平新时代中国特色社会主义思想进课程教材指南》《职业院校教材管理办法》等文件精神，机械工业出版社与教材编写团队一道，认真执行思政内容进教材、进课堂、进头脑要求，尊重教育规律，遵循学科特点，对教材内容进行了更新，着力落实以下要求：

1. 提升教材铸魂育人功能，培育、践行社会主义核心价值观，教育引导学生树立共产主义远大理想和中国特色社会主义共同理想，坚定"四个自信"，厚植爱国主义情怀，把爱国情、强国志、报国行自觉融入建设社会主义现代化强国、实现中华民族伟大复兴的奋斗之中。同时，弘扬中华优秀传统文化，深入开展宪法法治教育。

2. 注重科学思维方法训练和科学伦理教育，培养学生探索未知、追求真理、勇攀科学高峰的责任感和使命感；强化学生工程伦理教育，培养学生精益求精的大国工匠精神，激发学生科技报国的家国情怀和使命担当。加快构建中国特色哲学社会科学学科体系、学术体系、话语体系。帮助学生了解相关专业和行业领域的国家战略、法律法规和相关政策，引导学生深入社会实践、关注现实问题，培育学生经世济民、诚信服务、德法兼修的职业素养。

3. 教育引导学生深刻理解并自觉实践各行业的职业精神、职业规范，增强职业责任感，培养遵纪守法、爱岗敬业、无私奉献、诚实守信、公道办事、开拓创新的职业品格和行为习惯。

在此基础上，及时更新教材知识内容，体现产业发展的新技术、新工艺、新规范、新标准。加强教材数字化建设，丰富配套资源，形成可听、可视、可练、可互动的融媒体教材。

教材建设需要各方的共同努力，也欢迎相关教材使用院校的师生及时反馈意见和建议，我们将认真组织力量进行研究，在后续重印及再版时吸纳改进，不断推动高质量教材出版。

机械工业出版社

第2版前言

《电梯运行与安全管理技术》出版以来，受到全国各地职业院校相关专业师生的喜爱，被广泛使用。近年来，随着我国经济社会的发展，对职业教育以及职业教育人才培养规格提出了新的要求，电梯安装与维修保养专业技术、标准及其教学要求也不断发展变化。为适应当前职业教育教学改革的要求，结合编者的教学经验和读者的反馈意见对第1版进行了修订。

一、修订的指导思想

1. 落实立德树人根本任务，融入素质教育内容。

为落实立德树人根本任务，本书在修订中从以下几个方面体现课程特色：

1）穿插介绍我国电梯行业的发展史，培养学生从事本专业技术工作的职业自豪感与社会责任感。

2）强化对学生的依规遵章规范操作、安全生产意识的培养与训练，并渗透到所有实训操作的具体要求之中，操作中强调团结协作、密切配合的具体方法与要求，以培养学生良好的职业素养与职业道德。

3）提出精细操作、精确检测和精密装配的具体要求，培养学生严谨细致、精益求精的工作态度与作风，提高学生的技能水平，培养工匠精神。

4）注重培养学生节能环保的理念，提出了爱护设备、工具，节约器材等具体要求。

2. 适应当前职业教育教学改革和教材建设的总体要求，适应电梯技术发展的要求，并与高职、职业本科的相关专业课程相衔接。

3. 适应技术与应用的发展变化，在"阅读材料"中补充一些对新知识、新技术、新工艺、新设备及其应用知识的介绍。

二、修订的主要内容

1. 对第1版教材的内容进行整合，更新陈旧的内容，补充"四新"内容。

2. 在各部分内容中有机融入相关案例，精选"阅读材料"的内容。

3. 按照现行国家标准、更新本书内容。

本书仍以 YL-777 型教学电梯（及其配套产品）作为教学用机。本书推荐的两个教学方案分别为 36 学时和 60 学时，见下表。

（单位：学时）

项　　目	学习任务	学时安排建议方案	
		方案 1	方案 2
项目 1　电梯的使用和管理	学习任务 1.1　电梯的基础知识	2	4
	学习任务 1.2　电梯的安全使用与日常管理	4	4

（续）

项　目	学习任务	学时安排建议方案	
		方案 1	方案 2
项目 2　电梯的维修	学习任务 2.1　电梯维保工作的安全操作规范	4	4
	学习任务 2.2　电梯电气系统的维修	4	10
	学习任务 2.3　电梯机械系统的维修	6	10
项目 3　电梯的维护保养	学习任务 3.1　电梯的半月维护保养	2	3
	学习任务 3.2　电梯的季度维护保养	2	3
	学习任务 3.3　电梯的半年维护保养	2	3
	学习任务 3.4　电梯的年度维护保养	2	3
项目 4　自动扶梯	学习任务 4.1　自动扶梯的结构与运行	2	4
	学习任务 4.2　自动扶梯的安全使用与日常管理	2	2
	学习任务 4.3　自动扶梯的维护保养	2	6
机　动		2	4
总　计		36	60

本书由李乃夫、王艳冬、姚宇任主编，陈碎芝、岑伟富、何国宁参编。其中项目 1 由李乃夫、姚宇和陈碎芝编写，项目 2 由李乃夫和陈碎芝编写，项目 3 由李乃夫、岑伟富和王艳冬编写，项目 4 由李乃夫、岑伟富、何国宁编写。全书由李乃夫、王艳冬和姚宇统稿。本书由曾伟胜主审。亚龙智能装备集团股份有限公司和深圳众学科技有限公司协助制作了相关教学资源，在此表示衷心感谢！

欢迎教材的使用者及同行对本书提出意见或给予指正！

编　者

第1版前言

　　本书是根据教育部《关于中等职业教育专业技能课教材选题立项的函》（教职成司函【2012】95号），由全国机械职业教育教学指导委员会和机械工业出版社联合编写的"十二五"职业教育国家规划教材，是根据《电梯安装与维修保养专业人才培养方案》，同时参考有关的国家职业技能标准和行业职业技能鉴定规范，并结合目前中等职业学校的教学实际情况编写的。

　　在本书的编写过程中，编者努力按照当前职业教育教学改革和教材建设的总体目标，按照职业活动过程和职业教育规律来设计教学过程，努力体现教学内容的先进性，突出专业领域的新知识、新技术、新工艺、新设备。本书以亚龙 YL-777 型电梯安装、维修与保养实训考核装置（及其配套产品）作为教学用机。本书建议学时为 36 学时，具体学时分配见下表。

项　　目	学习任务	建议学时
项目1　电梯的使用和管理	学习任务1.1　电梯的基础知识	2
	学习任务1.2　电梯的安全使用	2
	学习任务1.3　电梯的日常管理	2
	学习任务1.4　电梯的日常维护保养	4
项目2　电梯的维修	学习任务2.1　电梯维保工作安全操作规范	6
	学习任务2.2　电梯电气系统的维修	4
	学习任务2.3　电梯机械系统的维修	4
项目3　电梯的维护保养	学习任务3.1　电梯曳引系统的维护保养	2
	学习任务3.2　电梯机械系统的维护保养	2
	学习任务3.3　电梯安全保护和电气系统的维护保养	2
项目4　自动扶梯	学习任务4.1　自动扶梯的结构与运行	2
	学习任务4.2　自动扶梯的安全使用与日常管理	2
	学习任务4.3　自动扶梯的维护保养	2
总　　计		36

　　本书由李乃夫担任主编，温州市瓯海职业中专集团学校陈碎芝、广州市土地房产管理职业学校唐照和何国宁分别参加了项目2、4的编写，其余由李乃夫编写。本书由广州市特种设备行业协会曾伟胜担任主审。

　　欢迎教材的使用者及同行对本书提出意见或给予指正！

编　者

二维码索引

（续）

页码	名称	图形	页码	名称	图形	页码	名称	图形
95	限速器各销轴部位		96	轿门安全装置		98	底坑环境	
95	层门和轿门旁路装置		97	轿门门锁电气触点		99	底坑急停开关	
95	紧急电动运行		97	轿门运行		99	对重块及其压板	
96	轿顶		97	层站召唤、层楼显示		99	轿厢平层精度	
96	轿顶检修开关、停止装置		97	层门地坎		167	电器部件	
96	油杯		97	层门自动关门装置		167	故障码显示板	
96	轿厢内显示、指令按钮、IC卡系统		97	层门门锁自动复位		167	设备运行状况	
96	轿厢照明、风扇、应急照明		97	层门门锁电气触点		167	主驱动链	
96	轿厢检修开关、停止开关		98	层门锁紧元件啮合长度		167	制动器机械装置	
96	轿内报警装置、对讲系统、警示装置		98	井道照明		168	制动器状态监测开关	

（续）

页码	名称	图形	页码	名称	图形	页码	名称	图形
168	减速机润滑油		170	超速或非操纵逆转监测装置		172	扶手带运行	
168	电动机通风口		170	检修盖板和楼层板		173	扶手护壁板	
168	检修控制装置		170	梯级链张紧开关		173	上下出入口的照明	
168	自动润滑油灌油位		171	防护挡板		173	上下出入口和扶梯之间保护栏杆	
169	梳齿板开关		171	梯级滚轮和梯级导轨		173	出入口警示标志	
169	梳齿板照明		171	梯级、踏板与围裙板之间的间隙		173	分离机房、各驱动站和转向站	
169	梳齿板梳齿与踏板面齿槽、导向胶带		171	运行方向显示		174	自动运行功能	
169	梯级或踏板下陷开关		172	扶手带入口保护开关		174	紧急停止开关	
169	梯级或者踏板缺失监测装置		172	扶手带		174	驱动主机的固定	

目　录

项目 1 电梯的使用和管理

项目目标

1. 认识电梯，了解电梯的类型、基本结构和运行原理。
2. 学会安全使用电梯，掌握电梯的日常管理方法。

学习任务 1.1 电梯的基础知识

任务目标

核心知识

1. 了解电梯的定义、类型和分类，能认识各种电梯。
2. 了解电梯的基本结构、各部分的构成及功能。

核心能力

认识电梯的基本结构。

任务分析

了解电梯的定义和分类，认识各种类型的电梯。认识电梯的基本结构、主要部件及其作用。

知识准备

一、电梯的起源和发展

1. 电梯的发展简史

据说公元前的古希腊就在宫殿里装有人力驱动的卷扬机，可以认为是现代电梯的鼻祖。但直到 1889 年奥的斯公司首先使用了电动机作为电梯的动力，这才有了名副其实的"电"梯。追溯电梯（垂直电梯）一百多年来的发展史，可从以下 3 个方面进行回顾：

首先是驱动方式的变化。最早的电梯是鼓轮式（强制式）驱动，如图 1-1a 所示，鼓轮式驱动的特点是提升高度、载重量受到限制，安全系数低。1903 年奥的斯公司制造了曳引式电梯（如图 1-1b 所示），靠钢丝绳与曳引轮之间的摩擦力使轿厢与对重做一升一降的相反运动，使电梯的提升高度和载重量都得到了提高。曳引式电梯当电梯失控、轿厢冲顶时，只要对重被底坑中的缓冲器支承，钢丝绳与曳引轮绳槽间就会发生打滑，从而避免电梯轿厢冲顶的重大事故发生，因此一直沿用至今，成为电梯最常用的驱动方式。

其次是动力问题。强制式驱动曾使用过由人力、畜力驱动的升降机械。蒸汽机发明后，

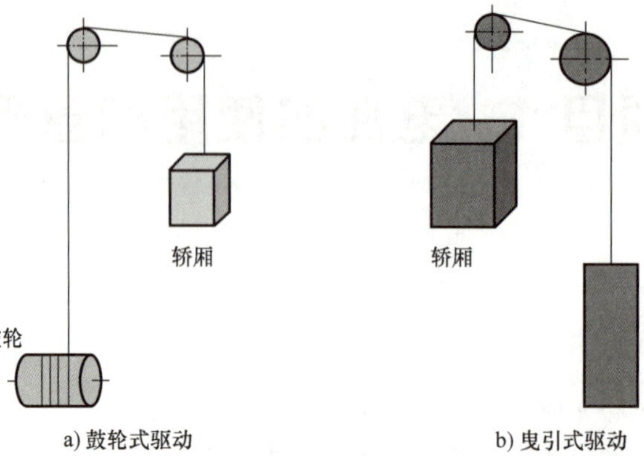

图 1-1 电梯的驱动形式

在 1858 年出现了以蒸汽机作为动力驱动的电梯；水压技术出现后，由水压技术演变成沿用到现在的液压传动电梯。既然是"电"梯，其动力当然应来自电动机。1900 年出现了用交流电动机拖动的电梯，起先是单速交流电动机，之后出现了变极调速的双速和多速交流电动机。随着电力电子技术的发展，出现了大功率的直流电动机驱动的电梯，在 20 世纪 80 年代有了交流变压变频调速的电梯。电梯的驱动电动机在不断发展的过程中逐渐实现机电一体化设计，永磁同步曳引电动机结构简单、体积小、重量轻、损耗小、效率高，和直流电动机相比，没有直流电动机的换向器和电刷等的缺点；和异步电动机相比，由于不需要无功励磁电流，因而效率高，功率因数高，力矩惯量比大，定子电流和定子电阻损耗减小，转子参数可测、控制性能好；而且结构紧凑，功能齐全，集曳引电动机、曳引轮、电磁制动器和光电编码器于一身，便于安装和使用。特别是在无机房电梯的开发应用中，将永磁同步曳引电动机安装在电梯的井道里，既节约了机房的建造成本，又美化了建筑物外观。

在动力问题得到解决后，电梯的发展转向解决控制与调速问题。1915 年设计出自动平层控制系统，1949 年出现了可集中控制 6 台电梯的电梯群控系统，1955 年开始使用计算机对电梯进行控制，现在的电梯已基本采用微机进行控制。控制技术的发展使电梯的速度不断提高，1933 年在纽约帝国大厦的电梯速度只有 6m/s，但已经是当时最高速的电梯了；1962 年电梯速度达到 8m/s，到 1993 年更达到 12.5m/s 的速度；目前电梯的最高速度已达到 21m/s。

2. 电梯技术的发展

随着科学技术的发展，智能化、信息化建筑的兴起与完善，许多新技术、新工艺逐渐应用到电梯上。目前电梯新技术的应用大概包括：

1) 互相平衡的双轿厢电梯、同时服务于两个楼层的双层轿厢电梯、一个井道内有两个轿厢的双子电梯和线性电动机驱动的多轿厢循环电梯等。

2) 目的楼层选层系统、自动变速电梯。

3) 数字智能化的乘客识别与安全监控技术，如手掌静脉识别和人脸识别的安防系统等。

4) 无随行电缆电梯、与钢丝绳同强度的自监测合成纤维曳引绳和超级强度碳纤维曳引绳。

5）双向安全保护技术、快速安装技术、使用新型材料和节能环保技术等。

未来电梯的发展趋势应该有：

1）电梯的控制更加智能化。随着计算机与网络技术的发展，人工智能、模糊智能控制、神经网络控制和数据分析等最新技术的应用，今后将开发出更加智能化的电梯控制系统。而且随着智能建筑的发展，电梯控制系统将与楼宇内的其他控制系统相结合，构成整体的楼宇智能系统。

2）超高速电梯与多维运动电梯不断发展，电梯的速度将会越来越快。

3）无线传输技术的应用。包括无线电力传输技术和无线信号传输技术的应用，将使电梯设备更加兼容，安装时间缩短、费用降低，并使加装电梯和旧梯改造更为便捷。

4）电梯将更加节能环保。通过改进电梯的曳引系统和引入能量反馈、群控智能高度等新技术，将使电梯更加节能；采用绿色无污染的材料或采用污染少、噪声低和工作寿命长的部件和设备。

5）物联网电梯将更为普及。结合大数据管理、云计算和人工智能技术的应用，物联网电梯将对电梯安全监督管理、物业管理和电梯维保等产生重大影响，如建立电梯运行的公共安全监督平台，实现故障的快速排除、事故的快速处理和实现按需要进行维护保养等。

乘坐电梯去太空的设想最初是由俄罗斯科学家康斯坦丁·齐奥尔科夫斯基于 1895 年提出来的，后来一些科学家相继提出各种解决方案，如在 2000 年提出的太空电梯的概念：用极细的碳纤维制成的缆绳能延伸到地球赤道上方 3.5 万 km 的太空，为了使这条缆绳能够突破地心引力的影响，在太空中的另一端必须与一个质量巨大的天体相连。这一天体向外太空旋转的力量与地心引力相抗衡，将使缆绳紧绷，允许电磁轿厢在缆绳中心的隧道中穿行，如图 1-2 所示。人们期待着有一天能够乘坐电梯登上太空。

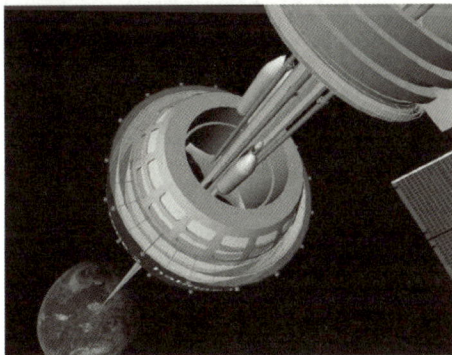

图 1-2　太空电梯的设想

二、电梯的定义、型号和主要参数

现代社会发展至今，电梯已经成为人们生活和工作中必不可少的交通运输设备。据统计，在现代城市中，建筑不断地向高空发展，城市里有 2/3 以上的人口基本生活在"空中"，他们每天依靠各种电梯往返于距离地面 10m 以上的空间中工作、生活和娱乐。由于电梯的存在，城市高空化、高楼城市化已成为现实。

图 1-3 所示为被称为"小蛮腰"的广州塔，该塔于 2010 年在广州召开的第十六届亚洲

运动会前建成，是一座以观光旅游为主，具有文化娱乐和城市窗口功能的大型城市基础设施。广州塔塔身主体450m（塔顶观光平台最高处454m），天线桅杆150m，总高度600m，成为当时世界第三高电视塔。该塔安装了6部高速电梯，其中包括两部消防电梯、两部观光电梯，如中途不停站，这些高速电梯可在90s内直达433.2m高的顶层，是世界上最高的电梯提升高度。为了缓解高速提升对人耳膜的巨大压力，该电梯还安装气压调节装置，这也是在国内电梯首次安装这种装置。

1. 电梯的定义

在 GB/T 7024—2008《电梯、自动扶梯、自动人行道术语》中对电梯的定义为：服务于建筑物内若干特定的楼层，其轿厢运行在至少两列垂直于水平面或沿垂线倾斜角小于15°的刚性导轨运动的永久运输设备。

2. 电梯的型号

电梯型号的编制可按以下规定：

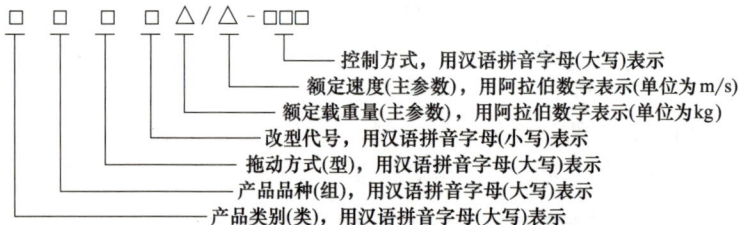

控制方式，用汉语拼音字母(大写)表示
额定速度(主参数)，用阿拉伯数字表示(单位为m/s)
额定载重量(主参数)，用阿拉伯数字表示(单位为kg)
改型代号，用汉语拼音字母(小写)表示
拖动方式(型)，用汉语拼音字母(大写)表示
产品品种(组)，用汉语拼音字母(大写)表示
产品类别(类)，用汉语拼音字母(大写)表示

图 1-3 广州塔

例如，TKJ1500/2.0-QKW 型电梯型号的含义为：交流客梯、额定载重量 1500kg、额定速度 2.0m/s、群控方式、采用微机控制。

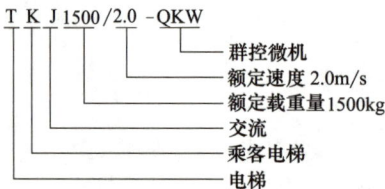

T K J 1500/2.0 -QKW
群控微机
额定速度 2.0m/s
额定载重量1500kg
交流
乘客电梯
电梯

可见，电梯的型号由3大部分所组成：第一部分为类、组、型和改型代号；第二部分为主参数代号，包括额定载重量和额定速度；第三部分为控制方式代号。具体可查阅相关资料。

3. 电梯的主要参数

电梯的主要参数有电梯的类型、额定载重量、额定速度、额定乘客人数、电力拖动方式、控制方式、轿厢尺寸、开门方式、层间距离、提升高度和层站。

（1）电梯的类型

Ⅰ类：为运送乘客而设计的电梯。

Ⅱ类：主要为运送乘客，同时也可运送货物而设计的电梯。

Ⅲ类：为运送病床（包括病人）及医疗设备而设计的电梯。

Ⅳ类：主要为运输通常由人伴随的货物而设计的电梯。

Ⅴ类：杂物电梯。

Ⅵ类：为适应大交通流量和频繁使用而特别设计的电梯，如速度为 2.5m/s 及以上的电梯。

（2）额定载重量

电梯设计所规定的轿厢载重量（单位为 kg）。如：400、630、800、1000、1250、1600、2000、2500 等。

（3）额定速度

电梯设计所规定的轿厢运行速度（单位为 m/s）。如：0.25、0.40、0.50、0.63、1.00、1.60、1.75、2.50 等。

（4）额定乘客人数

电梯设计限定的最多允许乘客数量（包括司机在内）。

（5）电力拖动方式

电梯采用的曳引机动力的种类。电力拖动系统在相当程度上决定了电梯的运行性能（详见"三、电梯的分类"）。

（6）控制方式

对电梯的运行实行的操纵方式（详见"三、电梯的分类"）。

（7）轿厢尺寸

轿厢内部尺寸和外廓尺寸，以深度乘以宽度表示。内部尺寸由电梯种类和额定载重量决定，外廓尺寸关系到井道的设计。

（8）开门方式

电梯门可按开门方式分为中分式门、旁开式门和垂直滑动门等主要类型。

（9）层间距离

两个相邻停靠层站层门地坎之间的垂直距离。

（10）提升高度

从底层端站地坎表面至顶层端站地坎上表面之间的垂直距离。

（11）层站

各楼层用于出入轿厢的地点。电梯停靠的楼层站数只能小于或等于楼层数。

三、电梯的分类

目前电梯的常见分类方式大致如下：

1. 按用途分类

（1）乘客电梯（见图 1-4a）

为运送乘客而设计的电梯。它对安全、乘坐的舒适感和轿厢内环境等方面都要求较高，主要用于宾馆、酒店、写字楼和住宅等，使用量最大。

（2）观光电梯（见图 1-4b）

观光电梯是客梯的一种，其轿厢装饰美观，井道和轿厢壁至少有同一侧透明，乘客可观看轿厢外景物。装于高层建筑的外墙、内厅或旅游景点。

（3）载货电梯（见图1-4c）

主要用于运送货物的电梯，同时允许有人员伴随。要求轿厢的面积大、载重量大，用于工厂车间、仓库等。

（4）客货两用电梯

以运送乘客为主，可同时兼顾运送非集中载荷货物的电梯。具有客梯与货梯的特点，如一些住宅楼、写字楼的电梯。

（5）医用电梯（见图1-4d）

主要在医院用于运送病床（病人）及相关医疗设备的电梯。轿厢一般窄而长，双面开门，要求运行平稳。

（6）非商用汽车电梯（见图1-4e）

主要在多层车库中用于运载小型汽车，其轿厢面积较大，结构较坚固。

（7）杂物电梯（见图1-4f）

杂物电梯是服务于规定层站的固定式提升装置。具有一个轿厢，由于结构型式和尺寸的关系，轿厢内不允许人员进入。如饭店用于运送饭菜、图书馆用于运书的小型电梯，其轿厢面积与载重量都较小，只能运货而不能载人。

（8）自动扶梯（见图1-4g）和自动人行道（见图1-4h）

自动扶梯是一种带有循环运行梯级，用于向上或者向下、与地面成 27.3°~35° 倾斜角的输送乘客的固定电力驱动设备。而自动人行道是一种带有循环运行（板式或带式）走道，用于水平或倾斜角不大于 12° 输送乘客的固定电力驱动设备。

a）乘客电梯　　　　　b）观光电梯　　　　　c）载货电梯　　　　　d）医用电梯

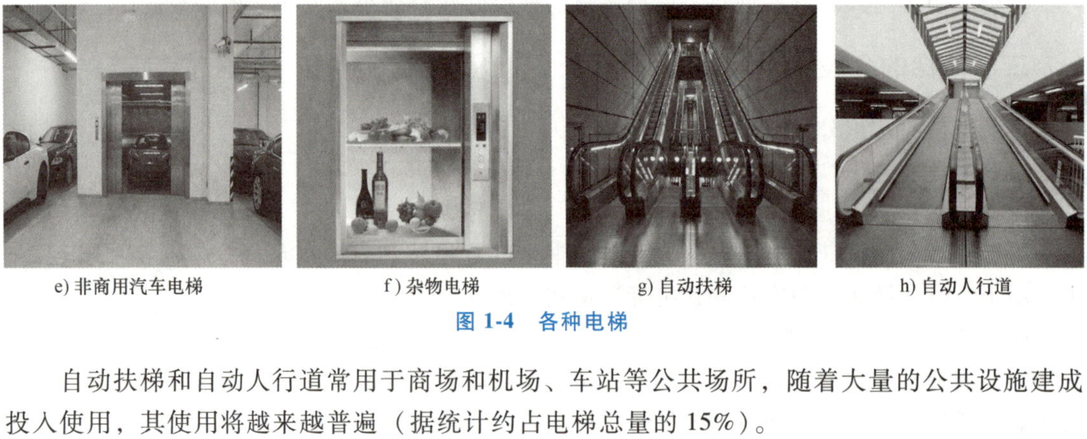

e）非商用汽车电梯　　　　f）杂物电梯　　　　g）自动扶梯　　　　h）自动人行道

图1-4　各种电梯

自动扶梯和自动人行道常用于商场和机场、车站等公共场所，随着大量的公共设施建成投入使用，其使用将越来越普遍（据统计约占电梯总量的 15%）。

注：按照定义，电梯应是一种按垂直方向运行的运输设备，而自动扶梯和自动人行道则是在水平方向上（或有一定倾斜度）的运输设备。但目前多数国家都习惯将自动扶梯和自动人行道归类于电梯中。在本书中，自动扶梯和自动人行道将在项目 4 中专门介绍，因此在前 3 个项目中讲到的"电梯"均指垂直电梯。

（9）特殊电梯

除上述常用电梯外，还有些特殊用途的电梯，如斜行电梯和建筑施工电梯。

1）斜行电梯。轿厢在倾斜的井道中沿着倾斜的导轨运行，是集观光和运输于一体的输送设备。特别是由于土地紧张而将住宅移至山区后，斜行电梯发展迅速。

2）建筑施工电梯。这是一种采用齿轮齿条啮合方式（包括销齿传动与链传动，或采用钢丝绳提升），使吊笼做垂直或倾斜运动的机械，用以输送人员或物料，主要应用于建筑施工与维修。它还可以作为仓库、码头、船坞、高塔和高烟囱的长期使用的垂直运输机械。

此外还有停车场用电梯、船用电梯、冷库电梯、防爆电梯、矿井电梯、电站电梯和消防员用电梯等专用的电梯。

2. 按驱动方式分类

（1）交流电梯

用交流电动机驱动的电梯。又可分为交流单速、交流双速、交流调压调速和交流变压变频调速（VVVF）电梯等。目前交流调压调速电梯已基本被淘汰，而交流变压变频调速电梯正广泛应用，并有在超高速电梯中逐步取代直流电梯的趋势。

（2）直流电梯

用直流电动机作为驱动力的电梯。这类电梯的额定速度一般在 2m/s 以上。

（3）液压电梯（见图 1-5a）

用电动泵驱动液体流动，由柱塞使轿厢升降的电梯。液压电梯适用于提升高度较小、速度低于 1.0m/s 的场合。

（4）齿轮齿条电梯

将导轨加工成齿条，轿厢装上与齿条啮合的齿轮，电动机带动齿轮旋转使轿厢升降的电梯，常用作建筑工地的户外电梯（见图 1-5b）。

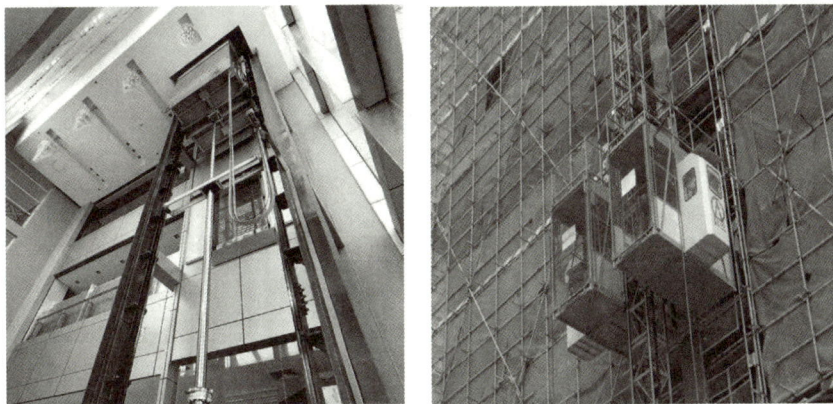

a) 液压电梯 b) 齿轮齿条电梯

图 1-5 按驱动方式分类的电梯

（5）直线电动机驱动的电梯

由直线电动机作为动力源的电梯。直线电动机驱动的电梯取消了传统电梯的曳引钢丝绳，是一种新型驱动方式的电梯，它可以极大提高电梯的运行速度，并为实现多轿厢电梯创设了条件。

（6）螺杆式电梯

将直顶式电梯的柱塞加工成矩形螺纹，再将带有推力轴承的大螺母安装于油缸顶，通过电动机（经减速器或传送带）带动螺母旋转从而使轿厢上升或下降的电梯。

3. 按速度分类

例如，通常将额定速度低于1m/s的电梯称为低速梯，速度在1~2m/s之间的为中速梯，速度在2~6m/s之间的为高速梯，而将速度超过6m/s的称为超高速电梯。

需要说明的是：电梯按速度分类没有严格的标准，以上仅是我国的习惯分类方法。随着电梯速度的不断提升，按速度对电梯的分类标准也会相应改变。

4. 按操纵控制方式分类

（1）手柄开关操纵

由司机转动手柄位置（开断/闭合）来操纵电梯运行或停止。

（2）按钮控制

电梯运行由轿厢内操纵盘上的选层按钮或层站呼梯按钮来操纵。若某层站的乘客将呼梯按钮按下，电梯就起动运行去应答；在电梯运行过程中如果其他层站有呼梯按钮按下，控制系统只将信号记存下来而不去应答，而且也不能把电梯截停，直到电梯完成前应答运行层站之后方可应答其他层站的呼梯信号。

（3）信号控制

将与电梯运行方向一致的呼梯信号储存，电梯依次应答接运乘客。电梯运行取决于电梯司机操纵，而电梯在任何层站停靠由轿厢操纵盘上的选层按钮信号和层站呼梯按钮信号控制。电梯往复运行一周可以应答所有呼梯信号。

（4）集选控制

在信号控制的基础上把召唤信号集合起来进行有选择的应答。电梯可有（无）司机操纵，在电梯运行过程中可以应答同一方向所有层站呼梯信号和操纵盘上的选层信号，并自动在这些信号指定的层站平层停靠。

（5）并联控制

2~3台具有集选功能的电梯共同处理层站呼梯信号，并联的各台电梯相互通信，相互协调，根据各自所处的楼层位置和其他相关的信息，确定一台最合适的电梯去应答每一个层站的呼梯信号，从而提高电梯的运行效率。

（6）群控

将多台电梯组成一组，由群控系统负责处理群内电梯所有层站的呼梯信号。群控系统可以独立，也可以隐含在每一个电梯控制系统中。群控系统根据群内每台电梯的楼层位置、已登记的指令信号、运行方向、电梯状态和轿内载荷等信息，实时将每一个层站呼梯信号分配给最适合的电梯去应答，从而最大限度地提高群内电梯的运行效率。群控系统中，通常还可选配上下班高峰服务、分散待梯等多种满足特殊场合使用要求的操作功能。

5. 其他方式分类

电梯还有其他的分类方式：如按机房分类，可分为有机房电梯（示意图见图1-6a，包括机房在井道顶部的上机房电梯和机房在井道底部旁侧的下机房电梯）和无机房电梯（见图 1-6b）；如按同一个井道内轿厢的数量分类，则有单轿厢电梯、双层轿厢电梯（见图 1-6c）和双子电梯（见图 1-6d）等。

a) 有机房电梯　　b) 无机房电梯　　c) 双层轿厢电梯　　d) 双子电梯

图 1-6　其他方式分类的电梯

相关链接

各种设计独特的电梯

电梯发明 100 多年来，让人们体会到了现代化设备带来的舒适与方便。世界各地独特地形和人文环境各异，而设计师独具匠心开发的各种特殊电梯，已成为一道道亮丽的风景。

1）在上海中心这座中国第一高楼里，安装了世界上最高速的电梯，如图 1-7a 所示，最高运行速度达 20.5m/s，提升高度达 565m，上行时间仅需要 53s。

2）位于湖南张家界武陵源风景区的百龙天梯是世界上最高的户外电梯，如图 1-7b 所示，其垂直高差达 335m，运行高度为 326m。它创造了三项吉尼斯世界纪录：目前最高、载重量最大和运行速度最快的全暴露户外观光电梯。百龙电梯每台的单次载客量可达 64 人，运行速度达到 5m/s，单程运行时间只需要 66s，3 台电梯的总运力约 6000 人/h。

3）位于美国圣路易斯的拱形天桥（见图 1-7c），可以 5 人一组乘坐天桥内的卵形电梯，由 8 个电梯间连成一体，只需要 4min 就可以到达 192m 高的天桥顶部。

a)　　　　　b)　　　　　c)

图 1-7　各种设计独特的电梯

四、电梯的基本结构

　　电梯的基本结构如图 1-8 所示。由图可见，电梯从空间位置划分由 4 个部分所组成，分别为：依附建筑物的机房与井道、运载乘客或货物的空间（轿厢）、乘客或货物出入轿厢的地点（层站），即机房、井道、轿厢和层站 4 个部分。如果从电梯各部分的功能区分，又可分为曳引系统、轿厢系统、门系统、导向系统和重量平衡系统、电气系统和安全保护系统 6 个系统，6 个系统的主要部件与功能见表 1-1。

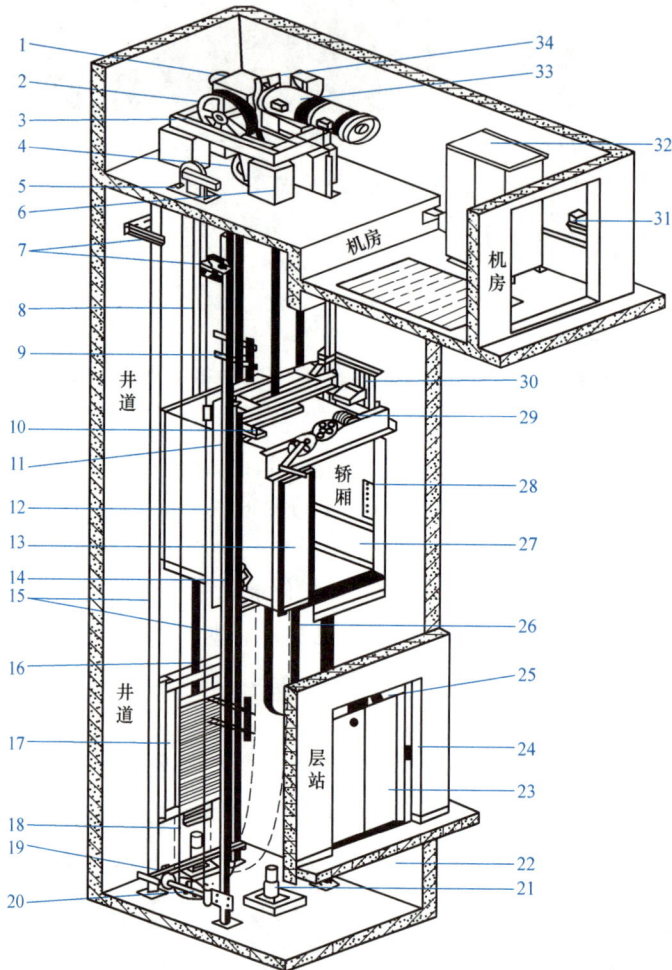

图 1-8　电梯的基本结构

1—减速箱　2—曳引轮　3—曳引机底座　4—导向轮　5—限速器　6—机座　7—导轨支架　8—曳引钢丝绳
9—隔磁板　10—紧急终端开关　11—导靴　12—轿厢架　13—轿厢门　14—安全钳　15—导轨　16—绳头组合
17—对重　18—补偿链　19—补偿链导轮　20—张紧装置　21—缓冲器　22—底坑　23—层门
24—呼梯盒　25—楼层指示灯　26—随行电缆　27—轿厢壁　28—轿内操纵箱　29—开门机
30—井道传感器　31—电源开关　32—控制柜　33—曳引电动机　34—制动器

表 1-1　电梯各系统的功能及其构件与装置

序号	系统	主要部件	功能
1	曳引系统	曳引机、曳引钢丝绳、导向轮和反绳轮等	输出与传递动力,驱动电梯运行
2	轿厢系统	轿厢架、轿厢体	运送乘客和(或)货物的部件,是电梯的承载工作部分
3	门系统	轿厢门、层门、开门机构、联动机构和门锁等	乘客或货物的进出口,运行时层门、轿厢门必须封闭,到站时才能打开
4	导向系统	轿厢的导轨、对重的导轨、导靴和导轨支架	限制轿厢和对重使其只能沿着导轨做上、下运动
	重量平衡系统	对重和重量补偿装置等	平衡轿厢重量以及补偿高层电梯中曳引绳长度的影响
5	电气系统	配电箱、控制柜、操纵装置、位置显示装置、呼梯盒、平层装置和选层器等	对电梯供电并对运行实行操纵和控制
6	安全保护系统	限速器、安全钳、缓冲器装置、超速保护、供电系统断相错相保护、行程终端保护、层门锁与轿厢门电气联锁保护等装置	保证电梯安全使用,防止一切危及人身安全的事故

五、电梯的主要部件

下面就按表 1-1 的顺序,简单介绍电梯各个系统的主要部件和作用。

1. 曳引系统

电梯的曳引系统主要由曳引电动机、减速箱、电磁制动器、曳引轮、导向轮和曳引钢丝绳等组成,如图 1-9 所示。其作用是输出与传递动力,驱动轿厢运行。

（1）曳引机

曳引机是由包括电动机、制动器和曳引轮在内的靠曳引钢丝绳和曳引轮槽摩擦力驱动或停止电梯的装置（可见图 1-9）。

（2）电磁制动器

电磁制动器安装在电动机输出轴与蜗杆轴的连轴器处,其作用是使电梯轿厢停靠准确,电梯停止时不会因为轿厢和对重差重而产生滑移。电梯所用的电磁制动器如图 1-10 所示。

电梯曳引系统

图 1-9　电梯的曳引系统

1—曳引电动机　2—电磁制动器　3—曳引轮
4—减速箱　5—导向轮　6—曳引钢丝绳

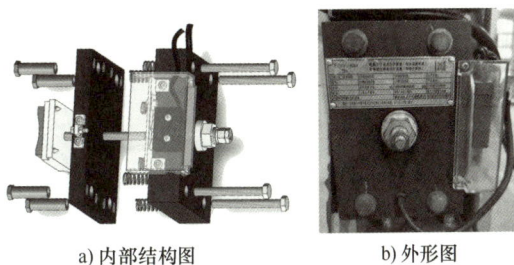

a) 内部结构图　　　　b) 外形图

图 1-10　电磁制动器

（3）曳引钢丝绳

电梯的曳引钢丝绳用于连接轿厢和对重装置，承载着轿厢、对重和额定载重量等重量的总和。曳引钢丝绳及其绳头组合分别如图 1-11a、b 所示。

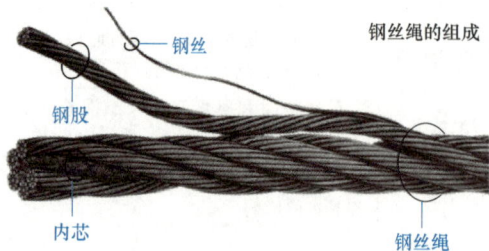

a) 曳引钢丝绳的组成　　　　　　　　b) 曳引钢丝绳的绳头组合形式

图 1-11　电梯的曳引钢丝绳

2. 轿厢系统

电梯的轿厢是用于乘载乘客或其他载荷的箱形装置，由轿厢架与轿厢体等构成，示意图如图 1-12 所示。

（1）轿厢架

轿厢架就是固定和支撑轿厢的框架，由上梁、下梁和立柱等组成。

（2）轿厢体

轿厢体是电梯运载人和货物的空间部分，由轿厢底、轿厢壁、轿厢顶和轿厢门等组成。

（3）称量装置

称量装置是能检测轿厢内载荷值并发出信号的装置（见图 1-13）。称量装置用于检测轿厢的载重量，当电梯超载时该装置发出超载信号，同时切断控制电路使电梯不能起动；当重量调整到额定值以下时，控制电路自动重新接通，电梯得以运行。

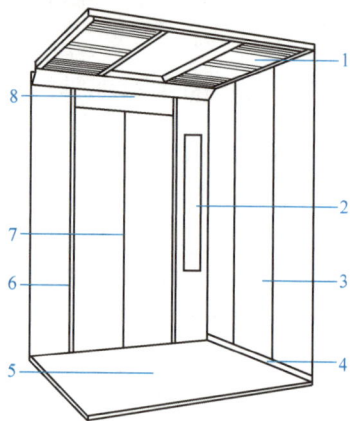

图 1-12　电梯的轿厢
1—轿厢顶　2—轿厢内操纵屏　3—侧壁
4—轿厢围　5—地板　6—前壁
7—轿厢门　8—门灯横梁

图 1-13　称量装置

3. 门系统

电梯的门系统包括轿厢门、层门、开关门机构及自动门锁装置等，轿厢门在轿厢上，层

门安装在井道与层站的出入口处，如图 1-14 所示。

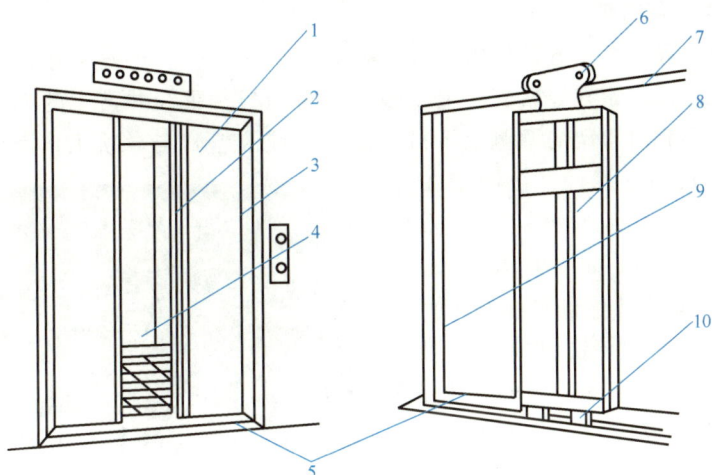

图 1-14　电梯门的基本结构

1—层门　2—轿厢门　3—门套　4—轿厢　5—门地坎　6—门挂板　7—层门导轨　8—门扇　9—层门门框　10—门滑块

（1）层门

层门是设置在层站入口的门。层门由门扇、门套、门导轨、门滑块（门导靴）、自动门锁、地坎、层门联动机构和紧急开锁装置等组成。

（2）轿厢门

轿厢门（轿门）是设置在轿厢入口的门，由门扇、门导轨、轿门地坎及门滑块等组成。

（3）自动开关门机构

自动开关门机构是在电梯轿厢平层时，驱动电梯的轿厢门和层门开启或关闭的装置，安装在轿厢顶，如图 1-15 所示。自动开关门机构包括开门电动机、带轮（或链轮）和减速装置等。

图 1-15　自动开关门机构

（4）门锁装置

门锁装置是在轿厢门与层门关闭后锁紧，同时接通控制回路，轿厢方可运行的机电联锁安全装置。

4. 导向系统和重量平衡系统

（1）导向系统

电梯导向系统分别作用于轿厢和对重，由导轨、导靴和导轨支架组成。导轨用导轨压板固定在导轨支架上，限定了轿厢与对重在井道中的相互位置；导靴安装在轿厢和对重架的两侧上下，其靴衬（或滚轮）与导轨工作面配合；导轨支架作为导轨的支撑件，被固定在井道壁上；这3个部分的组合使轿厢及对重只能沿着导轨做上下运动，如图1-16所示。

1）导轨。导轨是供轿厢和对重（平衡重）运行的导向部件。导轨由导轨支架固定连接在井道墙壁上。电梯常用的导轨是T形导轨（可见图1-17a），它具有刚性强、可靠性高和安全等特点。

电梯的导轨可分为T形导轨和空心导轨两大类：

① T形导轨是机加工导轨，是将导轨型材的工作面及连接部位经机械加工制成，在电梯运行中为轿厢的运行提供导向。

图1-16 电梯的导向系统

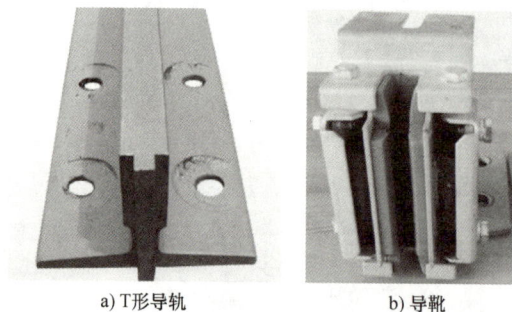

② 空心导轨经冷轧折弯成空腹T形的导轨。常用于没有安装限速装置的对重侧。

2）导靴。导靴按用途可以分为滑动和滚动导靴。

① 滑动导靴。设置在轿厢架和对重架上，其靴衬在导轨上滑动，使轿厢和对重装置只能沿着各自的导轨运行（可见图1-17b）。

② 滚动导靴。设置在轿厢架和对重架上，其滚轮在导轨上滚动，使轿厢和对重装置只能沿着各自的导轨运行。

③ 导轨支架。导轨支架是固定在井道壁或者横梁上，用于支撑和固定导轨用的构件，如图1-18所示。

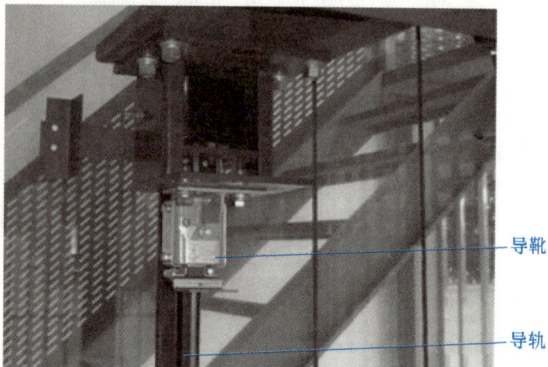

a) T形导轨   b) 导靴

图1-17 导轨和导靴

图1-18 导轨支架

（2）重量平衡系统

重量平衡系统如图1-19所示，主要由对重与重量补偿装置组成，其主要作用是为节约能源而设置的平衡轿厢重量的装置。

1）对重块和对重架。对重块是制成一定形状和规格，具有一定重量的块状构件，放置在对重架里面，如图1-20所示。

2）补偿装置。补偿装置是用来补偿电梯运行时轿厢和对重两侧重量不平衡的部件，如图1-21所示。

5.电气系统

电梯的电气控制系统由机房的配电箱、电气控制柜，以及安装在电梯各个部位的控制、保护电器所组成。

对重架

补偿链

图1-19　重量平衡系统

a) 对重块和防护装置

b) 对重架

图1-20　对重块和对重架

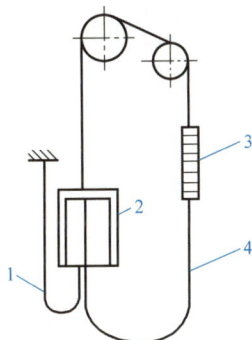

a) 电梯补偿装置示意图

b) 补偿链

图1-21　补偿装置

1—电缆　2—轿厢　3—对重　4—补偿装置

电梯的电气系统

（1）配电箱

配电箱的作用是为电梯的电力拖动系统和控制系统提供所需不同电压的电源。配电箱一般设置在电梯机房入口，如图1-22所示。由图可见配电箱上有锁。可在检修时上锁以防意外送电。

（2）电气控制柜

电梯的电气控制柜安装在机房里，内装有电梯的电气控制系统，以实现电梯的自动控制

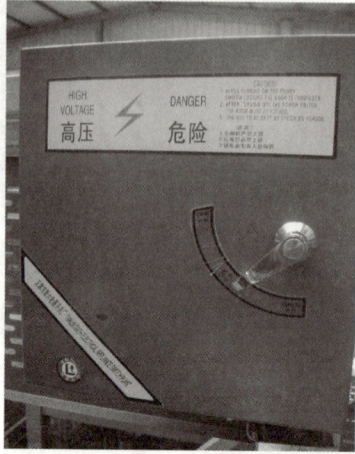

图 1-22 配电箱

和电气保护。图 1-23a 所示是电气控制柜的外形，图 1-23b 是控制柜的内部，而图 1-23c 是装在控制柜右上角的电气控制板。

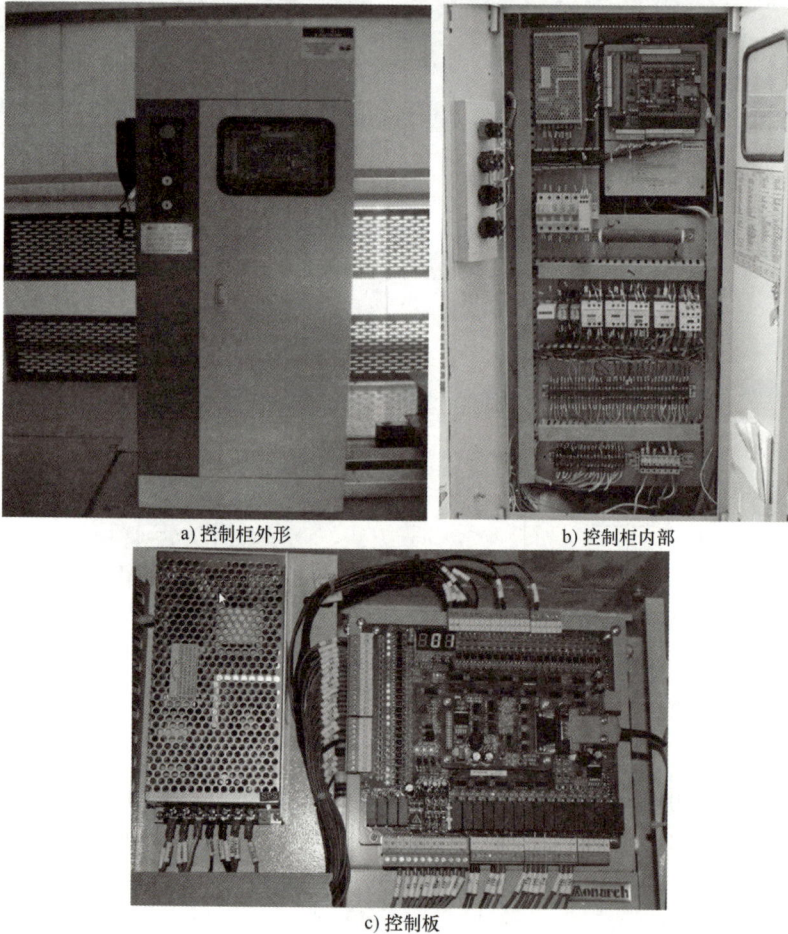

a) 控制柜外形

b) 控制柜内部

c) 控制板

图 1-23 机房电气控制柜

6. 安全保护系统

电梯的安全保护系统由机械安全装置和电气安全装置两大类所组成，主要有限速器、安全钳、缓冲器、端站保护装置、超载保护装置、门保护装置及其他电气安全保护装置等组成，将在本书的相关内容中穿插介绍，在此仅简单介绍限速器、安全钳、缓冲器和端站开关。

（1）限速器与安全钳

限速器通常安装在电梯机房或隔音层的地面，如图 1-24a 所示；安全钳钳座（图 1-24b）则装在轿厢底。限速器是当电梯运行速度超过额定速度一定值时，其动作能切断安全回路或进一步导致安全钳或超速保护装置起作用，使电梯轿厢停止的安全装置。安全钳是在限速器动作时，使轿厢或对重停止运行保持静止状态，并能将轿厢夹持在导轨上的安全装置。

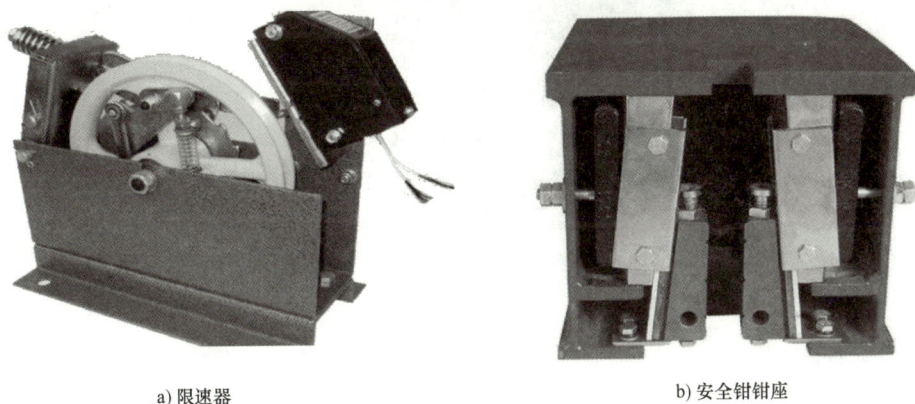

a) 限速器　　　　　　　　　　　　　　b) 安全钳钳座

图 1-24　限速器和安全钳

（2）缓冲器

缓冲器的作用是当轿厢或对重下行越出极限位置蹾底时，用来减缓冲击力。缓冲器安装在电梯的井道底坑内位于轿厢和对重的正下方，常用的两种缓冲器如图 1-25 所示。

a) 聚氨酯缓冲器　　　　　　　　　　b) 液压缓冲器

图 1-25　缓冲器

（3）端站开关

端站开关是当轿厢超越了端站后强迫其停止的保护开关。端站开关一般由设在井道内

上、下端站的强迫缓速开关、限位开关和极限开关（按轿厢行程范围由内到外的顺序）组成，这些开关或碰轮都安装在导轨上（如图1-26所示为下端站开关），由安装在轿厢上的打板（撞杆）触动而动作。

下强迫缓速开关

下限位开关

下极限开关

图1-26　端站开关

任务实施

步骤一：学习准备

1）指导教师事先了解教学电梯的周边环境等，事先做好预案（观察路线、学生分组等）。

2）先由指导教师对操作的安全规范要求做简单介绍。

步骤二：认识各种电梯

组织学生观看微视频，认识各种类型的电梯（客梯、货梯、特殊用途的电梯、自动扶梯和自动人行道等）。

步骤三：观察电梯结构

学生以3~6人为一组，在指导教师的带领下观察电梯（可用YL-777型教学电梯，下同），全面、系统地观察电梯的基本结构，认识电梯的各个系统和主要部件的安装位置以及作用。可由部件名称去确定位置，找出部件，然后将观察情况记录于表1-2中（可自行设计记录表格，下同）。

表1-2　电梯部件的功能及位置学习记录表

序号	部件名称	主要功能	安装位置	备注
1				
2				
3				
4				
5				

（续）

序号	部件名称	主要功能	安装位置	备注
6				
7				
8				
9				
10				

注意： 操作过程要注意安全，由于本任务尚未进行进出轿顶和底坑的规范操作训练，因此不宜进入轿顶与底坑；在机房观察电气设备也应在教师指导下进行，注意安全。

步骤四：实训总结

1）学生分组，每个人口述所观察的电梯的基本结构和主要部件功能。要求做到能说出部件的主要作用、功能及安装位置；再交换角色，重复进行。

2）进行评价反馈。

评价反馈

根据学习任务完成情况先进行自我评价，然后进行小组互评，最后由教师评价，评价结果记录于表 1-3 中。

表 1-3　学习任务 1.1 评价表

评价内容	配分	评分标准	自评	互评	教师评
1. 安全意识	10 分	1. 不遵守安全规范操作要求（酌情扣 2~5 分） 2. 有其他的违反安全操作规范的行为（扣 2 分）			
2. 熟悉电梯主要部件和作用	60 分	1. 没有找到指定的部件（每个扣 5 分） 2. 不能说明部件的作用（每个扣 5 分）			
3. 观察记录	20 分	表 1-2 记录不完整，有缺漏（每个扣 3~5 分）			
4. 职业规范和环境保护	10 分	1. 在工作过程中工具和器材摆放凌乱（扣 3 分） 2. 不爱护设备、工具，不节省材料（扣 3 分） 3. 在工作完成后不清理现场，在工作中产生的废弃物不按规定处置（各扣 2 分，若将废弃物遗弃在井道内的可扣 3 分）			
合　计					

总评分=自评分×30%+互评分×30%+教师评分×40%

相关链接

YL-777 型电梯安装、维修与保养实训考核装置简介

（一）产品概述

YL-777 型电梯安装、维修与保养实训考核装置（以下简称"YL-777 电梯"）的外观如图 1-27 所示，该装置是根据电梯安装、维修与保养职业岗位要求，按照相关国家标准和职业考核鉴定标准开发的教学设备，是采用目前电梯主流零部件和控制方式开发的一种电梯实训平台，适合各类职业院校和技工院校电梯类专业及建筑设备、楼宇智能化专业和机电类专业教学，以及职业资格鉴定中心和培训考核机构教学使用。

该装置由钢结构井道平台、曳引系统、导向系统、轿厢、门系统、重量平衡系统、电力拖动系统、电气控制系统和安全保护系统等系统单元组成。独特的钢结构井道平台，不仅方便教师在实训中对学习者进行教学和实训，也营造了电梯安装、维修与保养的真实情景。曳引机、导轨、限速器、安全钳和缓冲器等部件都采用目前主流的电梯标准部件，且严格执行国家相关技术标准和安全规范。并根据 GB/T 7588.1—2020《电梯制造与安装安全规范　第 1 部分：乘客电梯和载货电梯》，增加了轿厢意外移动的检测保护功能（即 UCMP 装置）、轿厢门的保护功能和对短接门锁回路行为的监测功能等，曳引机采用变频调速的永磁同步曳引机驱动。电气控制系统采用串行

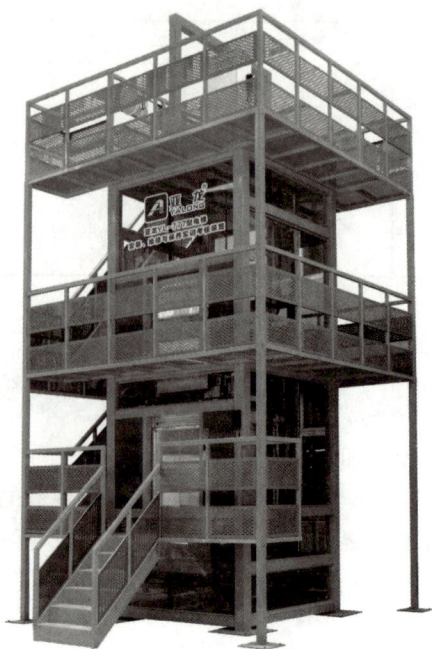

图 1-27　YL-777 型电梯安装、维修与保养实训考核装置外观图

通信的 VVVF 微机电梯控制系统，其具有故障诊断或保护功能，学习者可以通过各种故障代码、输入输出信号，进行故障分析，确定故障原因，找出解决方法；可以根据 TSG T5002—2017《电梯维护保养规则》中的要求对电梯进行日常维护保养实训，也可在本装置上进行电梯安装实训，使学习者能够真正学习和掌握电梯安装与维保技术及技能。

YL-777 型电梯作为全国职业院校技能大赛中职组电梯维护保养赛项和全国机械行业职业院校技能大赛——"亚龙杯"职业院校机电类专业教师教学能力大赛电梯安装与维修赛项的指定竞赛设备，对电梯专业的建设与教学改革起到极重要的引领作用。该设备解决了长期以来电梯教学设备实用性与教学操作性难以统一的矛盾，实现了真实的使用功能与整合的教学功能、完善的安全保障性能三者的完美统一。该设备的研发应有利于推动专业的建设与教改的深化，有利于在专业教学中实施任务驱动、项目教学和行动导向等具有职业教育特点的教学方法，有利于组织"做学教一体化"教学，达到更理想的教学效果。从而实现教学环境与工作环境、教学内容与工作实际、教学过程与岗位操作过程、教学评价标准与职业标准的"四个对接"。

制造企业在 2023 年根据当前的技术标准和使用要求，对该装置进行了技术升级，升级的具体内容如下：

1）控制系统。原默纳克控制系统 NICE1000new 升级为默纳克未来 WISE3000 控制系统，具体为更换控制柜、轿内操作箱、层站外呼盒、轿顶检修盒、底坑上下急停、五方对讲随行电线和井道电缆等部件、元件。

2）门系统。原异步门刀 Jarless 门机升级为同步门刀 Jarless 门机。根据新国家标准的要

求，对原层门上坎、层门门框（门套组件）进行了升级更换。

3）电源。根据默纳克未来 WISE3000 控制系统的电源要求，对原电源箱进行升级更换。

4）根据新国家标准的技术要求，增加了轿厢下挡绳组件、对重下挡绳组件。

5）增加电梯物联网、门禁 IC 卡管理等技术（装置）。

升级后的设备控制系统采用默纳克未来 WISE3000 一体化控制器，具有高性能、集成化、智能化等特点，教学使用更加安全。门机采用西子永磁同步门机，能实现无级调速变频控制，能达到最佳的开关门速度曲线；具有高效、可靠、操作简单和机械振动小等特点。轿顶检修箱采用默纳克 CTW-B6 一体式检修箱，轿顶接口板、轿顶控制板、轿顶检修、对讲和照明集成于一体，具有安全、高端、小巧、简单易用及轿厢方案全弱电控制等特点。此外设备还融合电梯智能物联网技术、门禁安防技术。电梯智能物联使用 4G（第四代移动通信技术）模块，采集电梯数据，通过 4G 网络将数据上报物联网平台实现数据监控、视频监控和故障报警等服务。电梯门禁 IC 卡采用轿内基站双向管理，实现对电梯的使用者、用梯权限、电梯的运行时间和楼层开放时段等进行管理与控制。

（二）主要技术参数

升级后的主要技术参数如下：

1）工作电源：三相五线 AC 380V/220V±7.5% 50Hz。

2）工作环境：海拔<1000m；温度−10～40℃；湿度<95%RH，无水珠凝结；环境空气中不应含有腐蚀性和易燃性气体。

3）控制方式：VVVF。

4）额定功率：1.6kW。

5）提升高度：1800mm。

6）曳引机额定速度：0.4m/s。

7）曳引比：2∶1。

8）制动器额定功率：99W。

9）制动器额定电压：DC 110V。

10）上行超速监控装置动作速度范围：1.15～1.65m/s。

11）开门净尺寸：800mm（宽）×1000mm（高）。

12）开门形式：中分。

13）门机：永磁同步变频门机。

14）门机输入电源：单相三线 AC 220V，50Hz。

15）门机电动机额定转速：180r/min。

16）门机电动机额定功率：43.5W。

17）限速器额定速度：≤0.63m/s。

18）安全钳动作速度：≤0.63m/s。

（三）结构和功能特点

1. 结构的真实性

该装置完全采用真实电梯的机构及部件组成，完全反映了实际电梯的真实机构和控制系统，是一个真实工程型的教学、实训和考核装置，旨在将实际的电梯系统搬进课堂，使学习者在真实的工程环境下进行学习。

2. 实训的便捷性

该装置采用钢结构支架的模拟井道、真实的电梯机构及部件，模拟出电梯真实的工作环境。为实训教学提供了真实、便捷的实训平台。

3. 教学的全面性

该装置选用目前主流的永磁同步电动机驱动，控制部分采用全数字化的微机控制系统（VVVF），整个装置采用真实的部件组成，导轨、轿厢、层门、轿厢门、限速器和对重装置等都采用真实的部件或配套的机构，设备真实、便捷。

4. 设备的规范性

主流的一体化控制系统、紧凑的机械机构、多重的安全保护、开放式教学平台，真实、便捷的实训平台，完全符合现场化规范的标准。

5. 产品的安全性

该装置设有制动器、限速器安全钳、上下极限开关、门联锁机械-电气联动、急停开关、检修转换开关、缓冲器、防护栏、断相、错相和关门防夹等多重安全保护措施。

（四）可开设的主要实训项目（表 1-4）

表 1-4　YL-777 型电梯安装、维修与保养实训考核装置可开设的主要教学实训项目

序号	系统	实训项目
1	电梯的曳引系统	曳引机制动器机械调节及故障查找实训
2		曳引机制动力测试实训
3	电梯的门系统	轿厢门传动机构调节、维护、故障查找及排除实训
4		层门传动机构调节、维护、故障查找及排除实训
5		轿厢门电动机变频器驱动控制电路检测调节及故障查找实训
6	电梯的引导系统	轿厢导轨检测、调节实训
7		对重导轨检测、调节实训
8		导靴与导轨的检测、调节实训
9	电梯的电力拖动系统	曳引电动机变频驱动控制电路检测调节及故障查找实训
10	电梯的电气控制系统	轿厢门控制电路故障查找及排除实训
11		平层装置调节、控制电路故障查找及排除实训
12		楼层、轿厢召唤信号电路故障查找及排除实训
13		轿内按钮操纵箱控制电路故障查找及排除实训
14		指层灯箱控制电路故障查找及排除实训
15		轿顶检修箱控制电路故障查找及排除实训
16		门旁路装置操作实训
17		上行程终端位置保护装置故障查找及排除实训
18		下行程终端位置保护装置故障查找及排除实训
19		照明控制电路故障查找及排除实训
20		通信电路故障查找及排除实训
21		微机控制电路故障查找及排除实训
22		电源电路故障查找及排除实训

（续）

序号	系统	实训项目
23	电梯的安全保护系统	限速器动作调节实训
24		限速器开关动作故障查找实训
25		轿厢意外移动保护功能（UCMP）测试实训
26		安全钳检测调试实训
27		安全钳传动机构调节检测调试实训

阅读材料

阅读材料 1　我国电梯行业的发展历史

如果从 1907 年国内安装第 1 部电梯算起，我国的电梯行业已有 100 多年的历史了，其发展可大体分为以下 3 个阶段：

一、依赖进口电梯阶段（1900—1949 年）

1900 年，奥的斯电梯公司通过代理商获得在中国的第 1 份电梯合同——为上海提供两部电梯。1907 年，奥的斯公司在上海的汇中饭店（今和平饭店南楼）安装了两部电梯。这两部电梯被认为是我国最早使用的电梯（见图 1-28a）。此后，在上海、北京和天津等大城市都相继安装了电梯。如天津利顺德饭店于 1924 年安装了 1 台手柄开关操纵的奥的斯客梯（见图 1-28b），其额定载重量为 630kg，交流 220V 供电，速度 1m/s，5 层 5 站，木制轿厢，手动栅栏门。

1935 年，位于上海南京路、西藏路交界口 9 层高的大新公司（今上海第一百货商店）安装了两部奥的斯公司的轮带式单人自动扶梯（见图 1-28c）。这两部自动扶梯被认为是在我国最早使用的自动扶梯。

截至 1949 年，全国电梯拥有量仅 1100 多台，而且还没有一部国产的电梯。

a) 国内最早使用的电梯　　　b) 天津利顺德饭店的奥的斯电梯　　　c) 国内最早使用的自动扶梯

图 1-28　国内早期的电梯

二、独立自主研制、生产电梯阶段（1950—1979 年）

1951 年冬，国家提出要在北京天安门安装 1 部中国自己制造的电梯，任务交给了天津的从庆生电机厂。4个多月后，第1部由中国工程技术人员自己设计制造的电梯诞生了。该电梯载重量为1000kg，速度为0.70m/s，交流单速、手动控制。

从1949年到1978年的近30年间，我国的电梯制造业基本上是只有建设部定点生产的企业才能制造电梯，这段时间生产电梯的总量才1万多台，平均每家电梯企业的年生产量只有40多台。

三、快速发展阶段（1980年至今）

我国电梯行业的快速发展发生在改革开放以后，以年产量为例：1980年全国的电梯年产量仅2249台，1986年突破1万台，1998年突破了3万台，到2014年已超过70万台，2019年已超过100万台，到2023年已达到155.7万台（见图1-29○）。

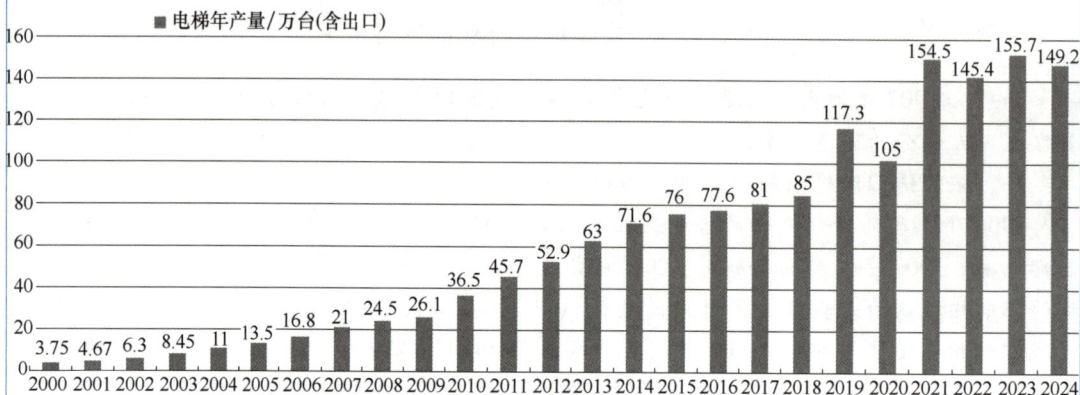

图1-29　2000—2019年我国电梯年产量（绘图时补充2020—2024年数据）

而我国电梯的保有量也在逐年增加，且2009—2019年的增长率均保持在10%以上；到2023年底我国电梯的保有量已超过一千万台（1062.98万台）（见图1-30○）。

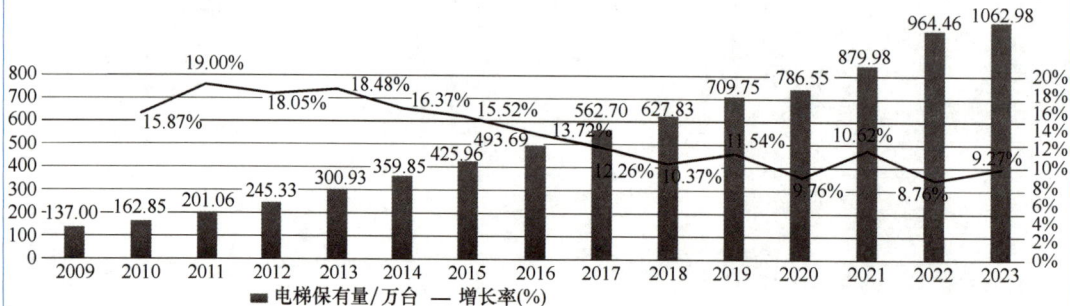

图1-30　2009—2019年我国电梯保有量/增长率（绘图时补充2020—2023年数据）

○ 据国家统计局公布的数据。
○ 据国家市场管理总局公布的数据。

目前我国的电梯保有量、年产量和年增长量均居世界第一。据统计，我国电梯产销量占世界的 80%，在用量占近四成（其中自动扶梯占近五成），已成为世界上电梯制造、销售和使用的第一大国。

我国虽然已成为全世界电梯产量与在用量第一的国家，但是人均在用电梯的数量只有 36 台/万人，仅相当于发达国家的 1/4～1/3，因此电梯行业仍然有十分广阔的发展空间。同时按照电梯使用的规律，当在用电梯达到了 200 万台规模，电梯的平均寿命按 15～20 年计算，保守估测每年仅更新就有 10 万台电梯的需求。所以要达到目前发达国家的人均在用电梯数量的水平，预测我国电梯的需求量在未来 10 年内还将保持持续稳定地增长，因此在今后相当长的时间内我国还将是全球最大的电梯市场。而且随着国家经济建设尤其是基础设施建设的发展，以及随着人民生活水平的提高，城市化和人口老龄化进程的加快，电梯的在用量还将不断增加。电梯的维修保养服务将在电梯市场占有更大的份额，制造与维保并重已成为电梯制造企业的发展方向，因此随之而来的电梯专业人才需求也将越来越大。

学习任务 1.2   电梯的安全使用与日常管理

任务目标

核心知识

掌握电梯的安全使用规程和日常管理知识。

核心能力

学会按照电梯的安全使用规程进行各项操作；学会电梯的日常管理。

任务分析

1. 学习电梯的安全使用规程，学会按照电梯安全操作规程进行各项操作。
2. 掌握电梯日常管理的制度与要求，并学会进行电梯的日常管理。

知识准备

一、电梯的安全使用

电梯的安全使用既基于电梯设备的质量，又有赖于平常保养的质量、使用管理的水平以及维修操作人员的素质。设备从制造到安装都必须符合国家制定的电梯相关标准、安全规范和电梯技术条件。近年来国家陆续颁布了多项关于电梯生产、销售和使用的相关法律法规（详见本书的附录），各地也根据实际情况制定了一些地方性的法规和管理文件，对电梯的安全使用与管理都有明确具体的规定和要求。例如在《中华人民共和国特种设备安全法》的第四条中就明确规定："国家对特种设备的生产、经营、使用，实施分类的、全过程的安全监督管理。"

（一）电梯安全技术的特点

1）电梯安全技术是一门综合性技术。电梯是机电一体化设备，电梯技术是集机械、电气、自动控制、焊接以及安装技术等多项技术的综合应用，所以电梯的安全技术知识涉及的范围甚广：既有电工、电子、焊接、机械加工、高空作业、公共交通的安全技术知识，又有作为特种设备本身特有的安全技术知识。

2）电梯是一种垂直运输的交通工具，其垂直运行的特点决定了在使用电梯时必须注意以下几个问题：

① 剪切运动的安全问题。电梯的垂直运动，轿厢地坎与层门地坎之间、轿厢顶与对重之间会形成剪切运动，要特别注意这方面的安全问题，稍有不慎，就会酿成大错造成重大伤亡。

② 电梯在加速上升时，人体的重量会向下压，身体会有超重感；反之，当电梯减速下降时，人会有失重感。这都会使乘客感觉不适，严重时甚至会对乘客身体造成伤害。所以要特别注意对电梯超速、飞车、坠落及高速运行中的急停的安全保护问题。

③ 超过一定高度差的人体坠落或者是硬质物体下坠击中人体，都会造成伤亡事故。

3）电梯安全技术需要规范化。由于电梯安全技术贯穿在电梯的设计、制造、安装、运行与维修保养的工作过程中，这就要求使用单位根据国家的相关法律法规，建立健全的检验检测、日常维护、安全使用等制度，完善电梯设备的安全监督管理体系，才能保证电梯设备的安全使用。

（二）电梯安全使用的条件

如上所述，国家对电梯安全工作十分重视，陆续颁布了多项关于电梯生产、销售和使用的相关法律法规，标志着我国电梯管理已进入法治化和标准化管理的轨道，必将对电梯的使用管理和维护保养水平的提高起到推动作用，对电梯的安全使用起到一定的保障作用。电梯使用单位必须严格遵守并贯彻执行相关法律法规。

电梯的安全使用必须具备以下几个条件：

1. 投入运行的电梯必须是合格的电梯

一台合格的电梯应具备以下几点要求：

（1）经出厂检验合格

电梯出厂时各组件、整机必须经检验且合格，应附有安全技术规范要求的设计证明、安装及使用维护说明以及监督检验证明等文件。生产单位应对其生产的电梯的安全性能负责。

（2）经安装自检合格

施工单位安装、改造和重大维修完成后，必须对其施工的电梯进行全面调试和检验检测，并填写自检报告，且应对调试和检验检测的结果负责。

（3）经检验检测机构验收、检验合格

电梯在安装、改造和重大维修过程中应及时报经检验检测机构进行监督检验。安装、改造和重大维修竣工后施工单位自检合格、拟投入使用的电梯，应经检验检测机构进行验收检验，并应取得检验合格标志。未经验收检验合格的电梯不得投入使用。

2. 必须建立定时、定点的检验和维修保养制度

电梯交付使用后，必须根据电梯实际情况，制订出定期定点的维修保养制度和通过技术监督有关机构年检制度，这是保证电梯安全运行的重要条件。根据电梯运行的特点，一定要

做好日巡和半月、季度、半年、年度维护保养和年检工作，以便发现问题及时修复，保证电梯正常运行。

3. 必须加强对电梯操作人员、维修人员的管理

在电梯安全运行的诸多因素中，人的因素是最重要的。例如在 2023 年 5 月 5 日开始实施的《特种设备使用单位落实使用安全主体责任监督管理规定》第六十九条中就明确规定："电梯使用单位应当依法配备电梯安全总监和电梯安全员，明确电梯安全总监和电梯安全员的岗位职责。"对电梯管理和维修保养人员，必须由政府批准的培训部门培训，经考核合格并取得合格证才能上岗工作。还应定期参加职业技能等培训考核，掌握电梯的工作原理、各部件的构造、各种新技术新知识，掌握各种操作技能，熟悉安全操作规程，能够迅速排除电梯故障。这是对电梯安全运行的重要保证。

4. 完善对电梯技术档案的保管和管理

电梯技术档案既是厂家生产、安装电梯的凭证，又是电梯以后维修保养的依据，为电梯的安全运行提供了可靠的技术保证。电梯技术档案应包括以下几方面的资料：

（1）电梯原始技术资料

① 电梯设备概况。主要项目有：电梯名称、规格型号、出厂编号、安装地点、安装单位、使用日期、资产原值、额定载荷、额定速度、驱动方式、曳引钢丝绳规格、曳引钢丝绳根数、曳引功率、轿厢规格、层站数、屏（柜）型号和出厂编号、限速器型号和参数、缓冲器型号等。

② 主要部件技术资料。包括：曳引机的型号、出厂日期、制造厂名、出厂编号、外形尺寸、总重、曳引轮直径和槽数等；曳引电动机的型号、出厂日期、制造厂名、出厂编号、转速、功率、额定电流、额定电压和接法等；减速器的型号、速比、蜗轮齿数和蜗杆头数；制动器类型、联轴器类型、测速发电机型号、门电动机的型号和规格等。

③ 电梯安装维修技术资料。负责安装电梯的单位在工程竣工后必须向建设单位（用户）提交有关电梯竣工资料，包括：机房井道图、装箱单、产品出厂合格证、电梯使用维护说明书、电气原理图及符号说明、电梯电气接线图、电梯安装和调试说明书、安装单位许可证（复印件）、自检记录、电梯安装质量核验单、竣工验收单等。

④ 电梯改造技术资料。主要有：电梯改造批准书、承造单位名称及许可证、改造图样、施工方案、改造的项目与技术要求和指标、改造过程中出现的问题及处理报告、改造完毕的试车结果、各种试验技术数据及安全装置情况、改造过程中质量检查记录、改造工程竣工验收报告等。

⑤ 由各地市一级质监局统一核发的电梯安全技术登记簿和电梯检验报告书、年检报告书、电梯使用登记证和安全使用合格证等。

（2）电梯日常维修保养技术资料

主要有：电梯日常维修更换零部件情况，日常维修保养检修情况，电梯运行状况，电梯发生设备和人身事故过程、分析及处理结果，电梯维修保养检查、评比记录等。

（3）电梯周期性检修技术资料

主要指电梯大、中修后的技术资料，包括：电梯大、中修批复文件、承修单位和许可证、合同书，预结算报告，修理工艺，修理项目，更换主要配件，修理过程质量检查记录，各种试验、指标性能记录，竣工验收报告等。

（4）其他资料

主要包括：电梯维修人员技术素质、培训记录、上岗证，以及上级有关部门对电梯检查结果评语等。

（5）安全管理制度

使用单位应建立以岗位责任制为核心的电梯使用和运营安全管理制度，并严格执行。安全管理制度至少应包括以下内容：①相关人员职责。②安全操作规程。③日常检查制度。④维修保养制度。⑤定期报检制度。⑥电梯钥匙使用保管制度。⑦作业人员与相关运营服务人员的培训考核制度。⑧意外事件或者事故的应急救援预案与应急救援演习制度。⑨安全技术档案管理制度。

二、电梯安全操作规程

（一）电梯运行状态

电梯一般都具备有司机运行、无司机运行、检修运行和消防运行4种运行状态。

1. 有司机运行状态

电梯的有司机操作运行状态是经过专门训练、有合格操作证的授权操作电梯的人员设置的运行状态。

2. 无司机运行状态

电梯处于无司机运行状态，即由乘客自己操作电梯的运行状态。

3. 检修运行状态

电梯的检修运行状态是只能由经过专业培训并考核合格的人员才能操作电梯的运行状态。在检修运行状态下，切断了控制回路和自动开关门的所有正常运行环节，电梯只能慢速上行或下行。

4. 消防运行状态

电梯的消防运行状态是在火灾情况下由消防人员操作电梯的运行状态。在消防运行状态下，电梯只应答轿内指令信号，不应答呼梯信号，且只能逐次地进行。运行一次后将全部消除轿内指令信号，再运行又要再一次内选欲去层楼的按钮。在目的层站，不自动开门，只有持续按开门按钮才开门，门未完全打开时，松开开门按钮门会立即自动关闭。关门亦是只有持续按关门按钮才关门，门未完全关闭时，松开关门按钮门会立即自动打开。

（二）电梯司机的安全操作规程

1. 电梯司机的职责

1）电梯司机须经安全技术培训并考试合格，持有当地主管部门核发的"特种设备作业人员上岗证"方可上岗。

2）电梯司机须对工作认真负责，热情为乘客服务。

3）电梯司机须熟悉所驾驶电梯的原理和性能，掌握驾驶电梯和处理紧急情况的技能。

4）爱护电梯设备，制止任何危及电梯安全运行的行为。

5）当发生事故和故障时，司机必须立即停止电梯运行，切断电源，抢救伤员、保护现场并必须及时通知维修人员前来处理。

2. 司机在电梯行驶前的准备工作

1）做好接班工作，认真阅读工作日志，了解上一班电梯运行情况，做到心中有数。

2）在开启层门进入轿厢之前，必须注意轿厢是否停在该层井道内，然后进入轿厢，开启轿内照明。

3）司机在使用电梯前，应开门数次，检查自动开关门的机构及检查层门和自动门锁是否正常。并检查操纵盘内的内选按钮、厅外召唤的信号灯或命令载记的执行是否正确，轿内的主要安全装置，如安全触板开关、停止开关、警铃开关、电话及五方通信设备等是否正常。

4）正常投入使用前，应先上、下运行电梯数次，观察选层、起动、换速、平层、消号、开关门速度及安全触板等有无异常现象和声响；检查各种指示灯、信号灯指示是否正确。

5）检查轿厢内消防器材是否完好适用。对上班次司机所做轿厢、层门及门踏板滑动槽内的清洁卫生工作进行检查。

3. 司机在电梯正常行驶时的注意事项

1）司机在工作时间，不准离开岗位。如必须离开轿厢时应把轿厢内电源开关关闭，并且关闭好层门；并在该层层门前悬挂指示牌。

2）严禁电梯超载运行。

3）司机应站在操纵盘前用手操作电梯，禁止用身体其他部位或用其他物件来代替操作。

4）不允许乘客电梯经常作为载货电梯使用。

5）严禁装运易燃易爆的危险物品，如遇特殊情况，必须经有关部门批准，并采取安全保护措施方能运载。

6）严禁在层门、轿厢门开启情况下，用检修速度作为正常行驶。

7）不允许开启轿厢顶安全窗、轿厢安全门来装运超长物件。

8）门区是电梯轿厢内危险的地方。在等候装载物或人员时，司机和其他人员不可站在轿厢和层门之间，应该在轿厢内或井道层门外面等候。

9）轿顶上部不得悬挂其他杂物，轿厢内不得悬吊物品。

10）严禁以手控制轿厢门、层门的启闭作为电梯的起动或者停止。

11）载荷重心应尽可能稳妥地放置在轿厢中间，以免在运行中倾倒。

12）对于在层门按钮操纵的电梯（包括杂物电梯）还应做到：①严禁载人。②严禁把头伸入井道内呼叫。③严禁用层门停止开关或开启层门来争抢电梯。

4. 司机在电梯进行维修保养协助工作时的注意事项

1）维修人员在轿顶进行维修时，司机应将轿内检修运行开关转换至检修状态。

2）司机要服从维修人员的指挥，并按维修人员的指令实行应答操作。

5. 司机在电梯停驶后的工作

1）当电梯每日工作完毕后停驶时，司机应将轿厢返回至基站。

2）在离开轿厢前，司机应检查轿厢内外情况，做好清洁工作后，将轿厢内照明灯关闭，并关闭电源。

3）离开轿厢时，司机应关闭电源，并将轿厢门和层门关闭。

4）轮班司机要建立交接班制度，当班司机要做好电梯运行交班记录及注意事项，并向当班司机交代清楚。

相关链接

电梯在发生故障和紧急事故时的处理方法

1. 电梯发生故障时的处理方法

当电梯发生如下故障时，应立即按停止开关和警铃按钮，并及时通知管理和维修人员：

1）已经选好层（定好向），层门、轿厢门关闭后，电梯未能正常起动行驶。

2）需揿按起动按钮控制起动的电梯，当层门、轿厢门关闭后，在没有发出起动指令时，电梯自行起动。

3）运行速度有显著变化（设有特殊保护装置除外）。

4）行驶方向与指令方向相反。

5）内选、平层、召唤和指层信号失灵。

6）电梯在运行过程中有异常噪声、较大振动和较大冲击。

7）超越端站位置而继续运行。

8）电梯在正常条件下运行，限速器安全钳误动作。

9）发现机房有漏油。

10）接触到任何金属部分有麻电现象。

11）发现电气部件过热或有异味。

12）层门关闭不严密，或能在厅外扒开层门。

13）电梯在运行过程中，在没有内选或外呼信号的层站，电梯能自动换速平层。

14）电梯在运行过程中急停。

15）到达预选层站时，平层不准（误差过大），或者停层后不能自动开门等。

2. 发生触电事故时的处理方法

1）当电梯中发生触电事故时，应迅速切断电源开关；若不能立即断电，应使用干燥的绝缘物品使触电者与电源分开，注意防止造成触电人员二次创伤，并对触电人员进行抢救。

2）对触电者进行急救（具体可参阅相关资料）。

3）要保护现场并做好标记。

3. 发生火灾或水浸时的处理方法

1）当电梯所在的建筑物发生火灾时，首先应关好轿厢门、层门，防止火势通过电梯井道向其他楼层蔓延；然后将电梯开至离火灾现场较远的楼层，并指引乘客从消防通道迅速离去；最后关闭轿内电源，将火警情况报告有关领导和部门，配合消防人员工作。

2）当电梯设备发生火灾时，应立即将总电源切断。要使用二氧化碳、四氯化碳或干粉灭火器等不导电灭火器材，灭火人员应注意不要触及导线和电气设备，以防触电。

3）当电梯设备或底坑被水浸时，应切断总电源后才能够将水清除干净。

4）在发生火灾、地震、浸水后，或电梯发生严重事故后，需要经过有关部门严格检查、修复、鉴定后才能够使用。

4. 电梯发生意外伤人事故时的处理方法

电梯发生意外伤人事故时，电梯作业人员应立即停止电梯运行，尽快抢救受伤人员，并保护现场。当抢救伤员需要移动现场时，须记下现场情况并设标记，及时把事故报告给有关部门，听候处理，并采取有效的防护措施，防止事故再次发生。

5. 电梯轿厢人货混载的基本要求

1）禁止电梯超载运行。

2）不允许运载超长物件。

3）装载时，人或货应在轿厢中间均匀分布，人或货均不准靠层门。

6. 电梯运载易燃易爆物品的处理方法

电梯一般不允许装运易燃易爆的危险物品。如遇特殊情况要运载，则需要：

1）经过有关安全保卫部门批准，专人押运。

2）一次运载量不可过多。

3）将易燃易爆的危险物品包装好并放在轿厢中间，防止电梯运行时倾斜、泄漏。

4）严禁火种，并采取必要的安全保护措施（如在轿厢内准备好干粉灭火器）。

5）禁止与乘客混载。

7. 强行接通门联锁电路使电梯运行的危害

正常情况下，为保证乘客的安全，电梯必须在门全部闭合上锁后才能运行。所以电梯的门联锁继电器线圈电路串联了所有的层门、轿厢门的门联锁开关，只有当所有门关闭、门锁开关动作接通后，门联锁继电器才能吸合，电梯才能正常运行。如果强行将门联锁电路接通，就可以打开电梯层门和轿厢门运行，容易发生人身和机械事故，所以禁止这样做。

8. 手动关闭或开启层门、轿厢门的危害

1）电梯正常运行的基本条件之一，就是要关闭好所有层门和轿厢门。如果人为地破坏电梯正常运行的基本条件去使电梯运行，电梯难以控制且容易损坏，容易出故障和事故。

2）门区是电梯最危险的地方之一，是事故的多发区。人如果站立在门区附近操纵电梯运行，不能保证自身的安全。

3）电梯运行时开启层门（或轿厢门），电梯未经减速即急刹车，其产生的冲击载荷对乘客和电梯设备本身都极为不利。

9. 电梯出现失控时的处理方法

当电梯出现失控时（如：电梯出现行驶方向与指令方向相反、电梯超速运行而无法控制、电梯在层门、轿厢门开启的情况下快速运行等不正常现象，虽经断开轿内停止开关而无法制停电梯），司机应坚守岗位，并劝告乘客保持镇静，切勿企图跳出轿厢，让电梯借助各种安全保护装置自动发挥作用，将轿厢制停。

10. 关闭好层门、轿厢门后无法正常运行时的处理方法

应该按下列步骤处理：

1）检查是否选了楼层。

2）检查电梯是否处于检修或急停状态。

3）检查电梯是否已经确定了运行方向。

4）重复开关几次电梯门，检查电梯自动门锁及轿厢门联锁开关的闭合情况。

5）通过以上操作电梯仍不能运行时，应按下停止按钮，并通知维修人员检修。

11. 电梯在运行途中突然停车时的处理方法

如果电梯突然停在非开门区域时，应按下停止开关（按钮）切断电梯的控制电源，劝告乘客保持镇静，设法通知维修人员，将轿厢盘车移动至井道层门处，打开层门和轿厢门疏散乘客。

12. 电梯在运行中突然停电时的处理方法

这时设置于轿厢内的应急照明灯会立即照亮轿厢，电梯司机先按下轿内停止按钮并告诉乘客不要慌乱，保持镇静。同时，积极设法与外界联系，通知维修人员前来救援。如果停电时间较长，维修人员到机房用手动盘车方法将轿厢移动至平层位置后，再安全可靠地疏散乘客（盘车救援的操作步骤和方法见"学习任务 2.1.2"）。

乘客操作和使用电梯的方法及注意事项

1）在电梯候梯厅按层门侧的呼梯按钮（↑或↓），选择上行或下行。

2）注意电梯门的开启与关闭。轿厢门打开后数秒即自动关闭。若需延长出入轿厢的时间，可按住轿厢内操纵屏上的开门按钮或层门旁边的呼梯按钮（↑或↓）不放，直到人或物完全进入轿厢为止。而不要用身体或物件去阻挡电梯门。

3）养成文明乘梯、先出后进的好习惯，出入电梯不要拥挤，如果人多，出入应主动按住开门按钮，并主动礼让残疾人、老人和儿童；进入轿厢后应主动往里站，不要挡住门口；在没有人进入后可按关门按钮关门，并按欲达楼层的指令按钮。

4）在电梯运行时尽量离开轿厢门站立，不要倚靠轿厢门；要保持轿厢内清洁，不要丢弃垃圾，在轿厢内严禁吸烟，也不宜大声讲话。

5）电梯运行后，由感觉及轿厢内的楼层显示和运行方向显示（↑或↓）确认电梯的运行方向；并由楼层显示确认轿厢到达位置，待电梯停稳轿厢门和层门打开后方可走出轿厢。

6）电梯开门后应立即走出轿厢，且不要在层门口停留，应尽快离开。

7）电梯严禁超载运行。当电梯超载时，会发出音响和灯光警报，电梯拒绝关门运行或在关门过程中门立即打开。此时应指导乘客减少载客量，后进靠近门口的乘客应主动退出，直到超载音响和灯光警报停止方可重新运行。

8）爱护电梯设备。电梯楼层选择按钮应用手指操作，禁止使用其他物品敲打按钮；搭载电梯时只需按楼层选择指令按钮及开（关）门按钮，不要按不相关的按钮。

9）幼童不宜单独乘坐电梯，需由大人陪同搭乘电梯，以免发生意外。

10）在没有明令禁止宠物乘电梯的地方，小宠物应由主人抱起乘梯；大宠物应在没有其他乘客的情况下方可由主人带乘电梯。宠物的牵引绳（也包括围巾、跳绳等长绳状物件）要特别注意谨防被电梯门夹住，出入电梯时绳子要缩短一点；如果绳子被电梯门夹住要立即从绳子脱手！

11）电梯运行中如发生失控或运行中突然发生停梯事故，乘客被困在轿厢内，要保持冷静和放松。须知电梯困人是一种保护状态，轿厢内没有危险，且通风足够，应立即按报警按钮或用电话（对讲机）通知管理人员；即使暂时没有响应，也应保持冷静，等待救援，绝不可擅自强行扒开轿厢门或从轿顶安全窗出逃，以免发生危险。

12）乘客应当按照电梯安全注意事项和警示标志正确使用电梯，不得有下列行为：

① 使用明显处于非正常状态下的电梯。

② 携带易燃、易爆物品或者危险化学品搭乘电梯。

③ 拆除、毁坏电梯的部件或者标志、标识。

④ 运载超过电梯额定载荷的货物。

⑤ 踢门、扒门、蹿门等损害电梯门的行为。

⑥ 在轿厢内打闹、蹦跳、游戏（容易使电梯的安全装置发生误动作而导致电梯停止运行）。

⑦ 试图用身体或物体强行阻止电梯关门。

⑧ 其他危及电梯安全运行的行为。

13) 在发生火灾或遇到地震时，勿使用电梯。

三、电梯维修保养安全操作规程

电梯维修保养
基本操作规范

（一）电梯维修保养人员的职责与要求

电梯维修人员是对电梯进行例行保养、迅速排除电梯故障、保证电梯安全运行、确保乘客安全的责任人。维修保养人员应该做到：

1) 必须熟悉电梯的基本工作原理，熟悉各机件位置、结构；还必须掌握并严格执行电梯维修工作的安全操作规程，所以维修人员必须经过有关部门的安全技术培训，并经考试合格，发给国家统一核发的《特种设备作业人员证》方可上岗工作。

2) 电梯维修保养时，作业不得少于两人；工作时必须严格遵守安全操作规程，严禁酒后操作；工作中不准闲谈打闹；不准用导线短接已坏的层门门锁开关。

3) 工作前，应先查自己的劳保用品及携带工具有无问题，确保无问题后，才可穿戴及携带。

4) 电梯在维修保养时，绝不允许载客或装货。

5) 应熟悉并遵守电梯驾驶的安全操作规程。

6) 熟悉并严格遵守电梯安全操作规程和其他如电气焊、起重吊装、喷灯使用、高空作业等作业的安全操作规程，熟练掌握常用工具、设备的安全使用方法。

7) 必须熟练掌握触电急救方法；掌握防火知识和灭火常识，掌握多种灭火器材的使用方法；掌握电梯发生故障而停梯时救援被困乘客的方法，熟悉事故发生后的处理程序。

8) 定期参加安全技术学习，提高业务水平。

（二）维修保养作业前的安全准备工作

1) 要建立、健全申报制度。如果是一般性的检修和保养，应向单位主管部门申报，经批准方可工作。如果属较大项目的维修，如更换电梯的电气控制系统、更换曳引机等，应先向地方质量监督部门申报，批准后方准施工。

2) 设立检修负责人统一指挥工作。负责人应由持证的、有从事电梯维修工作经验的人担任。

3) 禁止酒后作业。

4) 禁止带无关人员进入机房和井道。

5) 进行作业时，应按照规范穿戴劳动保护用品。

① 维保人员在进行工作之前，必须要身穿工作服，头戴安全帽，脚穿防滑电工鞋，同时如果要进出轿顶还必须要系好安全带，如图 1-31 所示 。

② 在作业前，必须要在维修保养的电梯基站和相关层站门口处放置警戒线护栏和安全警示牌，防止在作业时无关人员进入（如

图 1-31　工作前的准备

图1-32所示)。

③ 让无关人员离开轿厢或其他检修工作场地,关好层门,当不能关闭层门时,需用合适的护栏挡住入口处,以防无关人员进入电梯。

图1-32 放置警戒线和安全警示牌

维修保养作业前的安全准备工作见表1-5。

表1-5 维修保养作业前的安全准备工作

序号	内容	图片
1	维保人员在进行工作之前,必须要身穿工作服、头戴安全帽、脚穿安全鞋;如果要进出井道、轿顶,还必须要系好安全带	
2	在维保施工楼层,将防护栏或防护幕置于层站门口	
3	在维保电梯基站,设置好安全警示标志	

（三）维修保养工作中的安全操作规程

1）电梯维修保养人在作业中，应注意遵循两条原则：

① 电梯能在停止运行状态进行维修保养的，决不在电梯运行中进行。

② 维修保养时，应断开相应停止开关，非必要决不带电进行检修。如必须带电作业时，应遵守带电作业有关规定，并设专人监护，做好安全防护措施。

2）对维修保养的电梯，应在各楼层层门悬挂"检修停用"等告示牌，并在轿厢停靠楼层悬挂"轿厢在此"的告示牌。

3）几台电梯共用机房的，要停电检修一台电梯时，要在该梯的电源开关手把上悬挂"禁止合闸、有人工作"标志牌。

4）严禁在井道内上下同时作业，井道内作业人员必须戴上安全帽。

5）需要长时间停在井道内进行操作时，机房至井道的所有孔洞应遮盖好，以免高空坠物造成人身事故。

6）电梯在进行维修检查、清洁保养工作时，应断开相应的停止开关：

① 在机房时应把机房电源总开关或停止开关断开。

② 轿顶作业时，应把轿顶停止开关断开。

③ 在轿厢内作业，应把操纵盘内停止开关或电源钥匙开关断开（若有）。

④ 在底坑时，应把底坑停止开关断开。

7）严禁在井道外近身到轿厢内（或轿厢顶）操作，或者从轿厢顶探身到层门外操作。

8）在井道内作业时，严禁一脚踏在轿厢，另一脚在井道中的任何一固定点上操作。要特别注意轿厢和对重相会时的距离。

9）需要在机房用控制柜（屏）控制电梯行驶时，必须在确定所有层门、轿厢门都关闭好，并切断门电动机回路后方可进行。

10）在轿顶和底坑进行保养或检修时，如需开动电梯，应与驾驶人员应答好，并选好站立位置，不准倚靠护栏，身体任何部位不得超出轿厢顶投影之外。

11）严禁人为短接安全开关（如安全钳开关、门联锁开关等）启用电梯。

12）禁止维修人员用手拉、吊井道的电梯电缆。

13）使用的手持行灯必须采用带护罩的、电压为 36V 以下的安全灯。

14）在观察钢丝绳的磨损情况，或给转动部位加油、清洗和检修时，必须停止电梯运行。

15）在机房内、井道内，严禁用汽油清洗机件。

16）进出轿顶、底坑作业应严格遵守相关操作规范（详见"学习任务 2.1.3、2.1.4"）。

17）维修时不得擅自改动线路，改动电路应由原生产厂家技术人员进行，改动后应有相应的技术资料存档，并符合国家安全技术标准。

18）检修未完，检修人员需暂时离开现场时，应做好以下安全措施：

① 关好各层门，一时关不上的必须设置明显障碍并在该层门口悬挂警示标志。

② 切断电梯总电源开关；切断热源如喷灯、烙铁、电焊机和强光灯等，消除一切火种。

③ 必要时应设专人值班。

（四）维保作业结束后须进行的工作

1）检修工作结束，维修人员离开前，必须关闭所有层门，关不上门的要设置明显障碍物。

2）将所有开关恢复到正常状态，清理现场，撤除告示牌；送电试运行，观察电梯运行情况，发现异常及时停梯再检查，绝不能把未彻底排除故障的电梯交付使用。

3）收集清点工具、材料，清理并打扫工作现场，慎防工具等遗留在设备上。

4）清理现场。余留物品（如剩油、废油、棉纱等）必须带走处理，不得留在工作现场。

5）认真填写维修保养记录，并将发生故障的现象、原因，检查的经过、结果，维修保养内容，机件调整前后的参数做详细的记录（记录表格可参考表 1-6、表 1-7）。

表 1-6　电梯故障记录表

电梯编号		驾驶人	
故障发生日期			年　月　日　时　分

故障情况：

	技术性故障	
	困人次数	
故障分析	非技术性呼救	
	修理时间	
	故障分析人	

记录人：

表 1-7　电梯检查、维修过程记录表

电梯编号		检查人		维修人		审核人	

检查的情况：

维修的过程和效果：

日期：

任务实施

步骤一：学习准备

1）指导教师对学生进行分组，并进行安全与操作规范的教育。

2）检查需使用的教学设备（如 YL-777 教学电梯），准备好所需的工具和器材（包括工作服、安全帽、防滑电工鞋、安全带、警戒线护栏和安全警示牌等）。

步骤二：电梯使用与管理学习

1）先由指导教师介绍和讲解电梯的使用与管理规定。

2）学生以 3~6 人为一组，在指导教师的带领下认识使用电梯的各个部分，熟悉各部分的功能作用，并认真阅读《电梯使用管理规定》或《乘梯须知》等，能正确使用和操作电梯。然后根据电梯的情况，将学习情况记录于表 1-8 中。

3）学生仍分组在指导教师的带领下认识电梯的日常管理要求，并认真阅读电梯日常管理的有关规定等。然后根据所乘用电梯的情况，同样将学习情况记录于表 1-8 中。

表 1-8　电梯使用与管理学习记录表

序号	学习内容	相关记录
1	识读电梯的铭牌	
2	电梯的额定载重量	
3	电梯的使用管理要求	
4	模拟处理电梯异常情况的过程记录	
5	其他记录	

4）可分组在教师指导下模拟电梯故障（如井道进水）停止运行进行处理。

注意：操作过程要注意安全（如进出轿厢的安全）。

步骤三：电梯维保安全操作规程的学习

1）先由指导教师介绍和讲解电梯维修保养安全操作规程，示范如何规范地穿着工作服、戴安全帽、穿防滑电工鞋、系安全带。

2）学生以 2 人为一组，在指导教师的带领下学习进行电梯维修保养作业前的准备工作：按照本任务"知识准备"第三条的要求穿着工作服、戴安全帽、穿防滑电工鞋、系安全带，放置警戒线护栏和安全警示牌等（可参见图 1-31、图 1-32）。将学习情况记录于表 1-9 中。

表 1-9　电梯维保作业前准备工作记录表

序号	步骤	相关记录（如操作要领）
1		
2		
3		
4		
5		
6		

步骤四：总结和讨论

学生分组讨论：

1）口述学习电梯使用与管理的结果与记录；再交换角色，重复进行。

2）口述学习电梯维保安全操作规程的结果与记录，相互检查穿着工作服、戴安全帽、穿防滑电工鞋和系安全带是否标准，符合规范要求；再交换角色，重复进行。

3）进行评价反馈。

评价反馈

根据学习任务完成情况先进行自我评价，然后进行小组互评，最后由教师评价，评价结果记录于表 1-10 中。

表 1-10　学习任务 1.2 评价表

评价内容	配分	评分标准	自评	互评	教师评
1. 安全意识	10 分	1. 不遵守安全规范操作要求（酌情扣 2~5 分） 2. 有其他的违反安全操作规范的行为（扣 2 分）			
2. 学习电梯的使用与管理	40 分	1. 未能正确使用（操作）电梯（每项扣 2~5 分） 2. 未能正确认识电梯的管理规定（每项扣 2~5 分） 3. 未能正确处理电梯出现的异常情况（酌情扣 2~5 分）			
3. 学习电梯维修保养的安全操作规程	20 分	能够按要求做好电梯维修保养作业前的准备工作：按照要求穿着工作服、戴安全帽、穿防滑电工鞋、系安全带，放置警戒线护栏和安全警示牌等（未符合规范要求，每项扣 2~5 分）			
4. 实训记录	20 分	表 1-6、表 1-7 记录不完整，有缺漏（每个扣 3~5 分）			
5. 职业规范和环境保护	10 分	1. 在工作过程中工具和器材摆放凌乱（扣 3 分） 2. 不爱护设备、工具，不节省材料（扣 3 分） 3. 在工作完成后不清理现场，在工作中产生的废弃物不按规定处置（各扣 2 分，若将废弃物遗弃在井道内的可扣 3 分）			
合　　计					

总评分＝自评分×30%＋互评分×30%＋教师评分×40%

阅读材料

阅读材料 2　事故案例分析

事故案例分析（一）

1. 事故经过

有父女俩进入电梯后，用跳绳在电梯内嬉戏玩耍，导致电梯急停，并从 17 楼坠落至 7 楼。电梯急停时，因父亲正处于玩耍中，单腿站立重心不稳导致腿部受伤。

2. 事故原因分析

电梯的轿厢允许有一个左右晃动的幅度值，如果晃动幅度超过设定数值就很可能引发安全钳保护装置动作。而根据此次事故的监控判断，父女俩进去电梯后的嬉戏玩耍动作确实引起电梯晃动幅度过大，最终触发安全钳。

3. 预防措施

见本任务"相关链接"中"乘客操作和使用电梯的方法及注意事项"第 12）、⑥点，应加强文明乘梯的宣传与教育。

事故案例分析（二）

1. 事故经过

一部住宅客梯因控制系统出现故障突然停在 6~7 层之间，司机将轿厢门扒开后，又将 6 层层门联锁装置人为脱开，发现轿厢与 6 层地面有约 950mm 的距离。乘客急着要离开轿厢，年轻人纷纷跳离轿厢。妇女和老人觉得轿厢地面与 6 层地面离得太高不敢跳。这时有人拿来一个小圆凳子放在轿厢外的 6 层的层门处，让乘客踩着凳子离开轿厢下到地面上。一位中年女乘客面朝轿厢，一只脚踏在凳子上致使凳子向轿厢侧倾倒，致使女乘客整个身体从轿厢地坎下端与 6 层地坎之间的空隙处跌入井道，摔在底坑坚硬的水泥地上，造成女乘客头部粉碎性骨折，身体肢体多处损伤，昏迷不醒。当即送往附近医院急诊室抢救，因伤势太重抢救无效死亡。

2. 事故原因分析

1）设备存在安全隐患是造成事故的主要原因。该电梯是 20 世纪 70 年代生产的交流双速客梯，该梯轿厢门地坎下侧未装护脚板。当轿厢停在 6~7 层之间时，轿厢地坎下侧距层门地坎之间有 950mm 的空隙，有致人坠入井道的客观条件。

2）电梯司机和乘客缺乏安全意识。如果说乘客从未遇到过这种情况，但司机应当意识到此时离开轿厢是有危险的，特别是在轿厢地坎与层门地坎之间存在着可致人坠入井道的间隙时，绝对不能疏散乘客。应一方面耐心地做乘客的工作，阻止乘客的不安全行为；另一方面与维修人员联系等待救援，盘车平层后再放人。

3）对设备管理不善，对操作人员管理不严。电梯没有护脚板已有很长时间，有关检测部门曾提出过整改意见，但未能引起领导重视。司机对疏散乘客的安全操作还不能很好掌握。

3. 预防措施

加强电梯的管理，及时发现和消除设备隐患，装设合格的护脚板，其宽度应为轿厢宽度，高度应不小于 750mm。并加强安全教育，学习有关标准。

事故案例分析（三）

1. 事故过程

某住宅楼电梯需要清洗轿厢导靴，由 3 名电梯维修工共同作业。在清洗轿厢下面导靴时，一人操作电梯慢车上行，使轿厢地坎高出一层层门地坎 1m 左右，两名维修工下到底坑内，将 24V 低压灯泡装好，并挂在轿厢下面点亮。他们将汽油倒在脸盆内作为清洗剂。在清洗过程中，不慎将低压灯泡碰碎，底坑内突然起火。并引发脸盆内汽油起火，操作电梯的维修工发现着火后，立即将电梯驶向 5 层（此楼 2~4 层未设层门），然后跑到 1 层救火，马上用灭火器灭火。但灭火器已失效，未能立即扑灭，他又跑到马路对面商店找来灭火器才将火扑灭。在着火时两名维修工中的一人立即登上缓冲器想逃出底坑，但由于距 1 层层门地坎较高，不能爬出，只好趴在 1 层的层门地坎上，造成下身严重烧伤。而另一名维修工在底坑内时间过长，造成全身皮肤大面积严重烧伤，经抢救无效死亡。

2. 事故原因

1）这起事故的主要原因是维修工使用汽油清洗电梯部件；另一个原因是灭火器失效，造成维修工被烧时间过长，抢救不及时。

2）火灾的起因是汽油挥发气体在底坑内浓度过高，当低压灯泡碰碎后，高温的灯丝点燃了底坑内的汽油挥发气体。

3）两名维修工不能及时逃出的主要原因：一是底坑较深，二是底坑内未按规定设置爬梯。

3. 预防措施

这次事故应引起电梯管理、维修单位的重视，从中吸取教训，采取以下预防措施：

1）施工前应制定详细的施工方案及安全技术要求。规定每项作业的具体要求，并让每个施工人员了解并实施。

2）施工的组织者应熟悉电梯有关安全操作规程及安全注意事项，并应经常检查施工的作业情况，了解施工方法及施工安全技术实施过程。

3）施工人员应熟知、掌握每项施工项目的操作规程，以及安全技术要求（例如不准使用汽油作为清洗剂）。

项目总结

本项目主要介绍电梯的基本概念，认识电梯的整体基本结构；并介绍电梯的日常使用管理和维护保养知识。

1）电梯作为垂直运输的升降设备，其门类还包括自动扶梯和自动人行道。电梯有多种分类方法。我国电梯的型号主要由 3 大部分组成。

2）电梯的基本结构可分为机房、井道、轿厢、层站 4 大空间，曳引系统、轿厢系统、门系统、导向系统和重量平衡系统、电气系统、安全保护系统 6 个系统。

3）电梯在使用过程中人身和设备安全是至关重要的。确保电梯在使用过程中人身和设备安全是首要职责。

4）要重视加强对电梯的管理，建立并坚持贯彻切实可行的规章制度。

5）电梯操作人员需要经过安全技术培训，并考试合格，取得国家统一格式的特种设备作业人员资格证书，方可上岗，无特种设备作业资格证人员不得操作电梯。

思考与练习题

1-1 填空题

1. 如果按照用途分类，电梯主要有_____、_____、_____、_____、_____和_____等几大类。

2. 电梯的基本结构可分为_____、_____、_____和_____ 4 大空间。

3. 电梯从功能上可分为_____系统、_____系统、_____系统、_____系统、_____系统和_____系统 6 个系统。

4. 我国电梯的型号主要由 3 大部分组成：第一部分为_____代号，第二部分为

_____代号，第三部分为_____代号。

5. 有司机控制的电梯必须配备_____，无司机控制的电梯必须配_____。

6. 电梯作业人员必须持有_____部门颁发的操作证上岗。

7. 电梯维修操作时，维修人员不应少于_____人。

8. 开启层门的钥匙，只有_____人员才能使用。

1-2 选择题

1. 目前额定速度在 1~2m/s 之间的电梯属于（　　）电梯。

A. 低速   B. 快速   C. 高速

2. 目前电梯中最常用的驱动方式是（　　）。

A. 曳引驱动   B. 鼓轮（卷筒）驱动   C. 液压驱动

3. 超高速电梯用于高度超过（　　）的建筑。

A. 10 层   B. 16 层   C. 100m

4. 在电梯检修操作运行时，必须是经过专业培训的（　　）人员方可进行。

A. 电梯司机   B. 电梯维修   C. 电梯管理

5. 电梯的运行是程序化的，通常电梯都具有（　　）。

A. 有司机运行和无司机运行两种状态

B. 有司机运行、无司机运行和检修运行三种状态

C. 有司机运行、无司机运行、检修运行和消防运行四种运行状态

6. 有人在轿厢顶作业，如需要移动轿厢时，必须保证电梯处于（　　）。

A. 绝对静止状态   B. 检修运行状态   C. 主电源上锁挂牌状态

1-3 判断题

1. 按照电梯的定义，电梯（轿厢）应运行在至少两列垂直于水平面或沿垂线倾斜角小于 15°的刚性导轨之间。（　　）

2. 电梯是指仅限于垂直运行的运输设备。（　　）

3. 电梯安装、维修及保养时，应在明显位置处设置施工警告牌。（　　）

4. 只要有把握，可以短接层门门锁等安全装置进行检修运行。（　　）

5. 电梯司机或管理人员在每日开始工作前应试运行无异常现象后，电梯方可投入使用。（　　）

6. 只要下班时间到，就可以将登记的信号取消掉，锁梯下班。（　　）

1-4 学习记录与分析

1. 分析表 1-2 中记录的内容，小结观察电梯的基本结构和主要部件的学习心得。

2. 分析表 1-8、表 1-9 中记录的内容，小结学习电梯使用管理规定的主要收获与体会。

3. 通过阅读"阅读材料 1"，举出身边例子来说明近年来我国电梯行业的发展。

4. 从本任务的"阅读材料 2"中介绍的事故案例，可得出什么经验教训？

1-5 试叙述对本项目与实训操作的认识、收获与体会

项目2 电梯的维修

项目目标

掌握电梯维保工作的安全操作规范；学会电梯常见故障的诊断与排除方法。

学习任务 2.1 电梯维保工作的安全操作规范

任务目标

核心知识

掌握电梯维保工作安全操作的步骤和注意事项。

核心能力

学会电梯机房、紧急救援、进出轿顶和底坑的规范操作。

任务分析

通过本任务的学习，掌握电梯维保工作中的安全操作规范，掌握机房的基本操作、紧急救援、进出轿顶和底坑的规范操作，养成良好的安全意识和职业素养。

子任务 2.1.1 机房的基本操作

知识准备

电梯的机房

1. 电梯机房的配置

电梯的机房一般在井道的顶部（见图1-6a），电梯的机房内部配置如图2-1所示。机房内的主要设备有曳引机、限速器、控制柜及其线槽、线管，以及用于救援的设备（如盘车手轮）等。电梯的机房门要加锁，并标明"机房重地、闲人免进"等警示语（见图2-2）。

2. 电梯的供电电源

电梯的供电电源装在机房，以 YL-777 型教学电梯为例：电梯的供电电源为三相五线380V/50Hz 动力电源，照明电源为交流单相 220V/50Hz，电压波动范围在±7%。机房内有 1 个电源控制箱（见图2-3），箱内有 3 个断路器，电源开关负责送电给控制柜，轿厢照明开关和井道照明开关分别控制轿厢和井道照明，另有 36V 安全照明及开关插座。检修时箱体可上锁，以防止意外送电。

电梯机房的
基本操作

图 2-1　电梯的机房内部配置

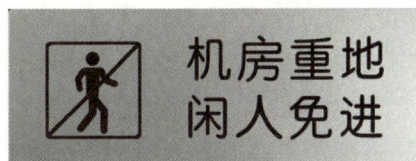

图 2-2　机房门口警示牌

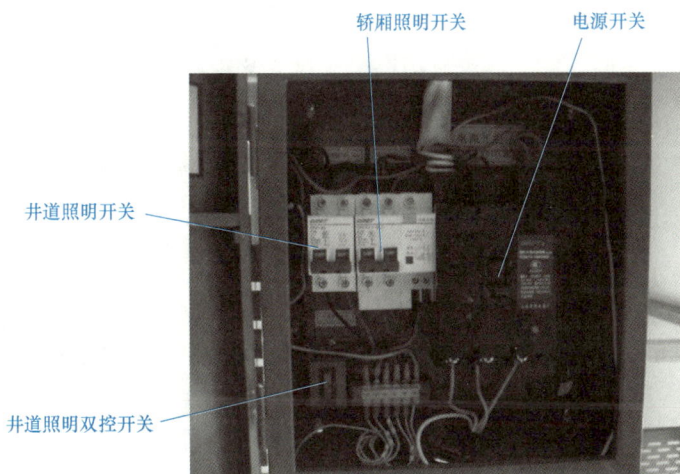

图 2-3　机房电源箱

3. 电梯的电源主开关

每台电梯都单独装设一个能切断该电梯动力和控制电路的电源主开关。主开关应能够分断电梯正常使用情况下的最大电流。但主开关不应切断以下电路的电源：轿厢照明和通风，轿顶电源插座，机房、井道和滑轮间的照明，机房、滑轮间和底坑电源插座以及报警装置。

任务实施

步骤一：学习准备

1）指导教师对学生进行分组，并进行安全与操作规范的教育。

2）检查需使用的教学设备（如 YL-777 型教学电梯），准备好所需的工具和器材。

3）按照"学习任务 1.2"的规范要求做好维修保养前的准备工作，并设置安全防护栏及安全警示标志（可参见图 1-31、图 1-32）。

步骤二：通电运行

开机时先确认操纵箱、轿顶电器箱、底坑检修箱的所有开关置于正常位置，并告知其他人员，然后按以下顺序合上各电源开关：

1）合上机房的三相动力电源开关（AC 380V）。

2）合上照明电源开关（AC 220V、36V）。

3）将控制柜内的断路器开关置于 ON 位置。

步骤三：断电挂牌上锁

1. 侧身断电

操作者站在配电箱侧边，先提醒周围人员注意避开，然后确认开关位置，伸手拿住开关，偏过头部，眼睛不看开关，然后拉闸断电，如图 2-4 所示。

2. 确认断电

验证电源是否被完全切断。先用万用表对主电源相与相之间、相与地之间进行检测，确认断电后，再对控制柜中的主电源线进行检测，如图 2-5 所示。

图 2-4　侧身拉闸

3. 挂牌上锁

确认完成断电工作后，挂上"维修中"警示牌，将配电箱锁上，如图 2-6 所示，就可以安全地进行工作了。

图 2-5　确认断电

图 2-6　挂牌上锁

步骤四：记录与讨论

1）将机房基本操作的步骤与要点记录于表 2-1 中。

表 2-1　机房基本操作记录表

序号	操作要领	注意事项
步骤 1		
步骤 2		
步骤 3		
步骤 4		
步骤 5		
步骤 6		
步骤 7		
步骤 8		

2）学生分组，讨论进行机房基本操作的要领与体会。

3）进行评价反馈。

🔑 **相关链接**

机房安全操作注意事项

1）进入机房的时候，要打开机房照明。

2）严禁在曳引机运转的情况下进行维修保养。

3）切记不能用抹布擦拭曳引钢丝绳，抹布可能会被破损的钢丝绳挂住，造成人体卷进绳轮或缆绳保护器之中。

4）在检修电气设备和线路时，必须在断开电源的情况下进行；如需带电作业，必须按照带电操作安全规程操作；保证接地装置良好。

5）在对带电控制柜进行检验或在其附近作业的时候，要集中精神，注意安全。

6）当多台电梯共用机房时，要先确认、对应好本次维护保养的电梯。

7）在调整抱闸时，应严格按照说明书的要求进行制动器的维护保养。

8）机房检修时应确认电梯轿厢门和所有层门已关闭，且只能用检修运行状态操作电梯轿厢运行。

9）当需要手动盘车时，必须先断开电源。

10）电梯运行时，千万不可对旋转编码器等速度反馈器件进行调整或测试。

11）在挂牌上锁前，应确定操作者身上无外露的金属件，以防触电。钥匙必须由操作者本人保管。

12）完成工作后，由上锁本人分别开启自己的锁具。如果是两个或两个以上的人员同时挂牌上锁，一般由最后开锁的人进行恢复。

13）需保证机房和井道没有雨水侵入，应没有其他排烟、排水、通风和供电等管道通过。

14）机房应保持恒温、恒湿、除尘的环境，应当干燥，与水箱和烟道隔离，通风良好，并有充分的照明。

15）机房内应保持整洁，除检查维修所必需的工具、仪器和灭火器外，不应存放其他物品。

16）电梯长期不使用时，应将机房的主电源断开。

子任务 2.1.2 紧急救援

🛠 **知识准备**

一、电梯的救援装置

电梯因突然停电或发生故障而停止运行，若轿厢停在层距较大的两层之间或蹲底、冲顶时，乘客会被困在轿厢中。为救援乘客，电梯均设有紧急救援装置，该装置可使轿厢慢速移动，从而达到救援被困乘客的目的。

紧急救援装置有电动和手动两种，以及紧急开锁装置。

1. 电动紧急救援装置

当移动装有额定载重量的轿厢所需的操作力大于400N时，通常采用电动紧急救援装置。电动紧急救援装置在机房中，与机房检修装置结构功能类似，由按钮控制，如图2-7a所示，其与检修装置的主要区别是检修运行操作是在安全回路正常条件下进行的。

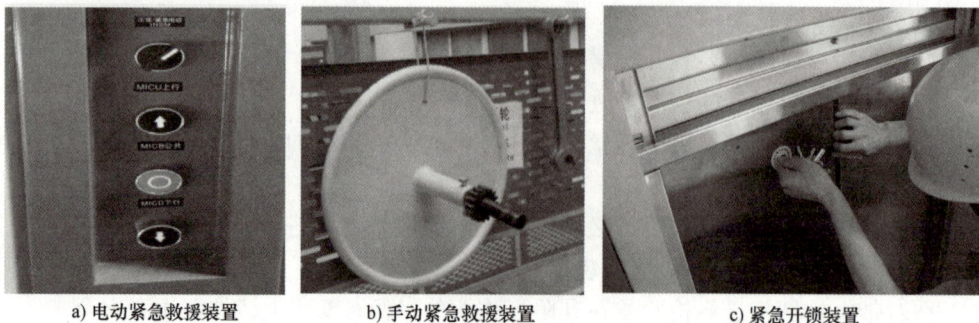

a) 电动紧急救援装置　　　　b) 手动紧急救援装置　　　　c) 紧急开锁装置

图2-7　紧急救援装置

2. 手动紧急救援装置

当移动额定载重量的轿厢所需的操作力不大于400N时，通常采用手动紧急救援装置。手动紧急救援包括人工松闸和盘车两个相互配合的操作，所以操作装置也包括人工松闸的装置（松闸扳手）和手动盘车的装置（盘车手轮），如图2-7b所示。一般盘车手轮应漆成黄色，松闸扳手应漆成红色，挂在附近的墙上，在紧急救援时随手可以拿到。

3. 紧急开锁装置

为了在必要（如救援）时能从层站外打开层门，规定每个层门都应有紧急开锁装置。工作人员可用三角形的专用钥匙，从层门上部的锁孔中插入，通过门后的开门顶杆将门锁打开，如图2-7c所示。在无开锁动作时，开锁装置应自动复位，不能仍保持开锁状态。

二、平层标记

为使操作时知道轿厢的位置，机房内必须有层站指示。最简单的方法就是在曳引钢丝绳上用油漆做上标记，同时将标记对应的层站写在机房操作地点的附近。电梯从第一站到最后一站，每楼层用二进制表示，在机房曳引钢丝绳上用红漆或者黄漆表示出来，这就是平层标记，如图2-8a所示；而且要在机房张贴平层标记图，如图2-8b所示。

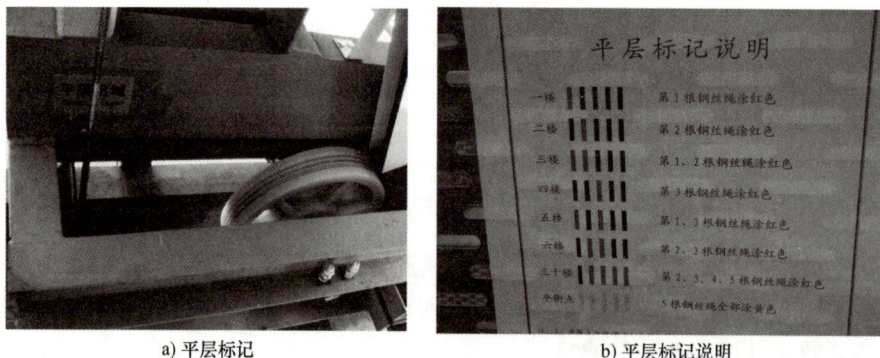

a) 平层标记　　　　　　　　b) 平层标记说明

图2-8　平层标记

钢丝绳标记的查看方法：从靠近"平层区域"字样的曳引钢丝绳开始，按 1、2、3 依次排序，按照 8421 码的编码规则确定电梯的楼层数（右起各位分别是 1、2、4、8）。确定楼层数时，只要将每位代表的数值相加，得到的数值就是楼层数。例如：如果只有第一根钢丝绳涂有油漆，由于第一位表示 1，则表示电梯在 1F；只有第二根钢丝绳涂有油漆，第二位表示 2，则表示电梯在 2F；第一根和第二根钢丝绳都涂有油漆，则是 1+2=3，表示电梯在 3F；第一根和第三根钢丝绳都涂有油漆，则是 1+4=5，表示电梯在 5F；第一、二、三根钢丝绳都涂有油漆，则是 1+2+4=7，表示电梯在 7F。依次计算便可以得出楼层实际位置。

任务实施

步骤一：学习准备

1）指导教师对学生进行分组，并进行安全与操作规范的教育。

2）检查需使用的教学设备（如 YL-777 型教学电梯），准备好所需的工具和器材。

3）按照"学习任务 1.2"的规范要求做好维修保养前的准备工作，并设置安全防护栏及安全警示标志（可参见图 1-31、图 1-32）。

步骤二：盘车操作

1. 切断电源

切断主电源并上锁挂牌（见图 2-9，保留照明电源），告知轿厢内人员。

盘车操作

a) 切断主电源　　　　　　　　　　　　b) 上锁挂牌

图 2-9　切断电源

2. 松闸盘车

确定轿厢位置和盘车方向（检查是否超过最近楼层的平层位置 0.3m，当超过时须松闸盘车）。方法一：查看平层标记。方法二：在被困楼层用钥匙稍微打开层门确认。

3. 电梯轿厢与平层位置相差超过 0.3m

若电梯轿厢与平层位置相差超过 0.3m 时，进行如下操作：

1）维修人员迅速赶往机房，断开电梯总电源，根据平层图的标记判断电梯轿厢所处楼层。

2）用工具取下盘车手轮开关盖（见图 2-10a），取下挂在附近的盘车手轮和松闸扳手（见图 2-10b、c）。

| a) 取下盘车手轮开关盖 | b) 取下盘车手轮 | c) 取下松闸扳手 |

图 2-10　取下盘车工具

3）一人安装盘车手轮（见图 2-11a），将盘车手轮上的小齿轮与曳引机的大齿轮啮合。在确认盘车手轮上的小齿轮与曳引机的大齿轮啮合后，另一人用松闸扳手对抱闸施加均匀压力，使制动器张开。操作时，应两人配合口令，（松、停）断续操作，使轿厢慢慢移动，直到轿厢到达最近楼层平层（在盘车之前，告知乘客在施救过程中，电梯将会多次移动），两人配合盘车如图 2-11b 所示。

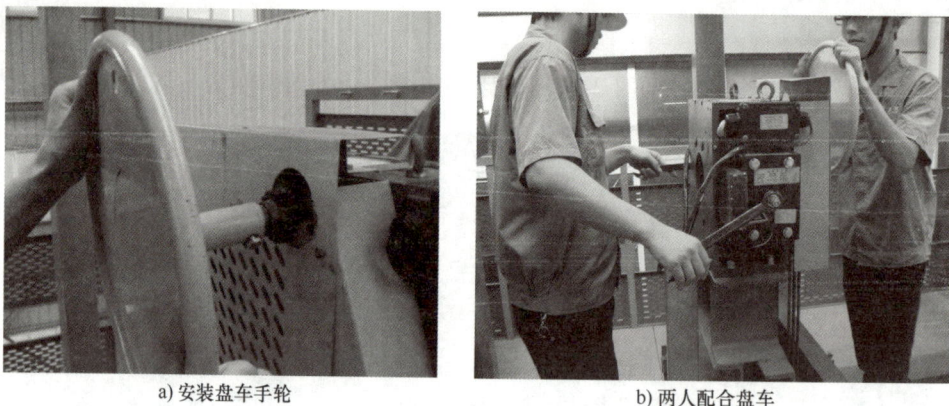

| a) 安装盘车手轮 | b) 两人配合盘车 |

图 2-11　盘车操作

注意：盘车操作人员在盘车过程时，绝对不能两手同时离开盘车手轮，同时两脚应站稳。

4）用层门钥匙打开电梯层门和轿厢门（可参见图 2-7c），并引导乘客有序地离开轿厢。

5）重新关好层门和轿厢门。

6）电梯没有排除故障前，应在各层门处设置禁用电梯的指示牌。

4. 电梯轿厢与平层位置相差在 0.3m 以内

若电梯轿厢与平层位置相差在 0.3m 以内时，进行上述 4)~6) 步的操作。

5. 恢复

当所有乘客撤离后，必须把层门和轿厢门重新关闭，在机房将松闸扳手、盘车手轮放回原位，将层门钥匙交回原处并登记。

步骤三：记录与讨论

1）将盘车操作的步骤与要点记录于表 2-2 中。

表 2-2　盘车操作记录表

序号	操作要领	注意事项
步骤 1		
步骤 2		
步骤 3		
步骤 4		
步骤 5		
步骤 6		
步骤 7		
步骤 8		
步骤 9		

2）学生分组（可按盘车时的配对，两人为一组），讨论进行盘车操作的要领与体会。

3）进行评价反馈。

相关链接

盘车操作注意事项

1）确保层门、轿厢门关闭，切断主电源开关。通知轿厢内人员不要靠近轿厢门，注意安全。

2）机房盘车时，必须至少两人配合作业，一人盘车，一人松闸，通过观察钢丝绳上的楼层标记识别轿厢是否处于平层位置。

3）用层门钥匙开启层门，层门先打开的宽度应在 10cm 以内，向内观察，证实轿厢在该楼层，检查轿厢地坎与楼层地面间的上下差距。确认上下间距不超过 0.3m 时，才可打开轿厢释放被困的乘客。

4）待电梯故障处理完毕，试车正常后，才可恢复电梯运行。

子任务 2.1.3　进出轿顶

知识准备

电梯的轿顶及其相关装置

1. 轿顶

电梯的轿顶如图 2-12 所示。由于安装、检修和营救的需要，轿厢顶有时需要站人。我国有关技术标准规定，轿顶要能承受 3 个携带工具的检修人员（每人以 100kg 计）的重量，其弯曲挠度应不大于跨度的 1/1000。

此外，轿顶上应有一块不小于 0.12m^2 的站人用的净面积，其小边长度至少应为 0.25m。同时轿顶还应设置排气风扇以及检修转换开关、急

图 2-12　电梯的轿顶

停开关和电源插座，以供应检修人员在轿顶上工作的需要。轿顶靠近对重的一面应设置防护栏杆，其高度应不超过轿厢的高度。

2. 急停开关

急停开关是能断开控制电路使电梯轿厢停止运行的按钮，如图2-13所示。当遇到紧急情况或在轿顶、底坑、机房等处检修电梯时，将急停开关关闭，切断控制电源以保证安全。急停开关应有明显的标志，按钮应为红色，旁边标以"停止""复位"的字样。

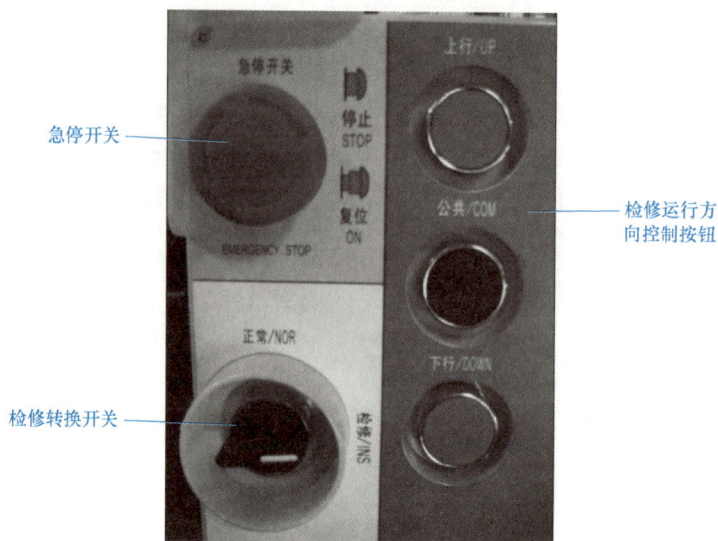

图2-13　轿顶检修运行控制装置

急停开关分别设置在轿顶操纵盒上、底坑内、机房控制柜壁上及滑轮间。有的电梯轿厢操作盘（箱）上也设有此开关。轿顶的急停开关应面向轿厢门，离轿厢门距离不大于1m。底坑的急停开关应安装在进入底坑可立即触及的地方。当底坑较深时，可以在下底坑时的梯子旁和底坑下部各设一个串联的急停开关，在开始下底坑时即可将上部的急停开关打在停止的位置，到底坑后也可用操作装置消除停止状态或重新将开关处于停止位置。

3. 轿顶检修运行控制装置

为了便于检修和维护，应在轿顶装一个易于接近的检修运行控制装置，如图2-13所示。检修运行控制装置包括检修转换开关（检修开关）、检修运行方向控制按钮和急停开关。检修转换开关应是符合电气安全触点要求的双稳态开关，有防误操作的措施，开关的"检修"和"正常"运行位置应有标记。

检修运行方向控制按钮应有防误动作的保护装置，并标明方向。为防误动作，检修运行控制装置设3个按钮，分别为"上行""下行"和"公共"。操纵时"上行"或"下行"按钮必须与中间的"公共"按钮同时按下才有效。

当轿顶以外的部位如机房、轿厢内也有检修运行控制装置时，必须保证轿顶的检修转换开关优先，即当轿顶检修转换开关处于"检修"运行位置时，其他地方的检修运行控制装置全部失效。

检修运行时依靠持续揿压方向操作按钮操纵时，轿厢的运行速度不得超过0.63m/s。

任务实施

进出电梯的轿顶

步骤一：学习准备

1）指导教师对学生进行分组，并进行安全与操作规范的教育。

2）检查需使用的教学设备（如 YL-777 型教学电梯），准备好所需的工具和器材。

3）按照"学习任务 1.2"的规范要求做好维修保养前的准备工作，并设置安全防护栏及安全警示标志（可参见图 1-31、图 1-32）。

步骤二：进入轿顶

1）在基站设置警戒线和安全警示牌，在工作楼层放置安全警示牌（可参见图 1-32）。

2）按电梯外呼按钮，将电梯呼到要上轿顶的楼层，如图 2-14 所示。然后在轿厢内选下一层的指令，将电梯停到下一层或便于上轿顶的位置（当楼层较高时），如图 2-15 所示。

图 2-14　按电梯外呼按钮

图 2-15　内选下一层

3）当电梯运行到适合进出轿顶的位置时，用层门钥匙打开层门约 100mm，放入顶门器（见图 2-16）。按外呼按钮等候 10s，测试层门门锁是否有效（见图 2-17）。

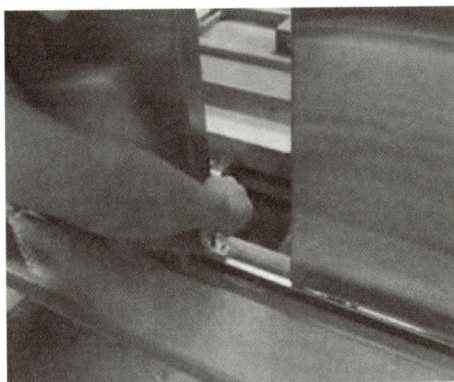

图 2-16　放置顶门器

图 2-17　按外呼按钮

4）操作者重新打开层门，放置顶门器，如图 2-18 所示。站在层门地坎处，侧身按下急停开关（见图 2-19），打开 36V 轿顶照明灯（见图 2-20）。取出顶门器，关闭层门，按外呼按钮等候 10s，测试急停开关是否有效。

图 2-18　放置顶门器

图 2-19　侧身按下急停开关

图 2-20　打开轿顶照明灯

5）打开层门，放置顶门器，将检修转换开关拨至"检修"运行位置，如图 2-21 所示。然后将急停开关复位，取下顶门器，关闭层门，按外呼按钮（见图 2-22），测试检修转换开关是否有效。

图 2-21　将检修转换开关拨至"检修"运行位置

图 2-22　按外呼按钮测试检修转换开关

6）打开层门，放置顶门器，按下急停开关，进入轿顶。站在轿顶安全、稳固、便于操作检修转换开关的地方，将安全绳挂置锁钩处，并拧紧。取出顶门器，关闭层门。

7）站到轿顶，将急停开关复位，首先单独按"上行"按钮，如图 2-23 所示。观察轿厢移动状况，如无移动，则按"公共"按钮和"上行"按钮，如图 2-24 所示，电梯上行，验证完毕。

图 2-23　按"上行"按钮

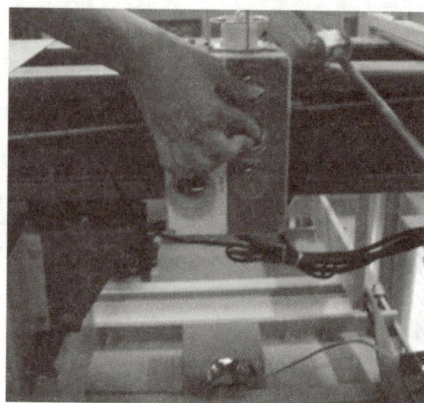

图 2-24　按"公共"按钮和"上行"按钮

8）再单独按"下行"按钮，如图 2-25 所示 。按时观察轿厢移动状况，如无移动，则按"公共"按钮和"下行"按钮，如图 2-26 所示，电梯下行，验证完毕。

图 2-25　按"下行"按钮

图 2-26　按"公共"按钮和"下行"按钮

9）将电梯开到合适位置，按下急停开关，开始轿顶工作。

步骤三：退出轿顶

1. 同一楼层退出轿顶

1）在检修状态下将电梯开到要退出轿顶的合适位置，按下急停开关。

2）打开层门，退出轿顶，用顶门器固定层门。

3）站在层门口，将轿顶的检修转换开关复位。

4）关闭轿顶照明开关。

5）将轿顶急停开关复位。

6）取出顶门器，关闭层门确认电梯正常运行，移走警戒线和安全警示牌。

2. 不在同一楼层退出轿顶

1）将电梯开到要退出轿顶楼层的合适位置，按下急停开关。

2）打开层门，放顶门器。

3）将轿顶急停开关复位。

4）先按"公共"按钮和"下行"按钮，然后按"公共"按钮和"上行"按钮，确认门锁回路的有效性。

5）验证完毕，按下急停开关控制电梯。

6）打开层门，退出轿顶，用顶门器固定层门。

7）站在层门口，将轿顶的检修转换开关复位。

8）关闭轿顶照明开关。

9）将轿顶急停开关复位。

10）取出顶门器，关闭层门确认电梯正常运行，移走警戒线和安全警示牌。

步骤四：记录与讨论

1）将进出轿顶操作的步骤与要点记录于表 2-3 中。

表 2-3　进出轿顶操作记录表

序号	操作要领	注意事项
步骤 1		
步骤 2		
步骤 3		
步骤 4		
步骤 5		
步骤 6		
步骤 7		
步骤 8		
步骤 9		
步骤 10		
步骤 11		

2）学生分组讨论进出轿顶操作的要领与体会。

3）进行评价反馈。

相关链接

轿顶安全操作注意事项

1）非维修人员严禁进入轿顶。在打开层门进入轿顶前，必须看清轿厢所处的位置和周围环境，保证没有闲杂人员和安全问题方可进入轿顶。进入轿顶后应立即关闭层门，防止他人进入。

2）尽量在最高层站进入轿顶，如果作业性质要求，则可以利用井道通道。

3）进入轿顶时，首先切断轿顶上检修盒上的急停开关，使电梯无法运行，再将有关开关置于检修状态。

4）在轿顶的维修人员一般不得超过 3 人，并有专人负责操纵电梯的运行。在起动前应提醒所有在轿顶上的人员注意安全，并检查无问题时，方可以检修速度运行。行驶时轿顶上的人员不准将身体的任何部位探出防护栏。

5）在轿顶上做检查时应充分注意安全，集中精力注意站好扶稳，不可跨步作业。在进行各种操作时，应切断轿顶急停开关并将检修转换开关转换到检修状态，使轿厢无法运行。

6）严禁在轿顶上吸烟。

7）禁止用手去抓扶曳引钢丝绳或电缆。

8）严禁一脚踩在轿顶，另一脚踏在井道或其他固定物上作业。严禁站在井道外探身到轿顶上作业。

9）在轿顶进行检修保养工作时，切忌靠近或挤压防护栏，并应注意对重与轿厢间距，身体任何部位切勿伸出防护栏。且应确保轿顶防护栏牢固可靠。

10）对于多梯井道，要注意所检验的轿厢井道的边界。在轿顶之外有各种潜在的危险，例如分隔梁、对重框、隔磁板以及井道开关。

11）离开轿顶时，应将轿顶操作盒上各功能开关复位，然后从层门外将前面的各个开关按相反顺序复位。轿顶上不允许存放备品备件、工器具和杂物。在确保层门关好后方可离去。

子任务 2.1.4　进出底坑

知识准备

电梯的底坑

1. 底坑的结构组成

底坑在井道的底部，是电梯最低层站下面的环绕部分，如图 2-27 所示。底坑里有导轨底座、轿厢和对重所用的缓冲器、限速器张紧装置、急停开关盒等。

2. 底坑的土建要求

1）井道下部应设置底坑，除缓冲器座、导轨座以及排水装置外，底坑的底部应光滑平整，不得渗水，底坑不得作为积水坑使用。

2）如果底坑深度大于 2.5m 且建筑物的布置允许，应设置底坑进口门，该门应符合检修门的要求。

3）如果没有其他通道，为了便于检修人员安全地进入底坑地面，应在底坑内设置一个从层门进入底坑的永久性装置，此装置不得凸入电梯运行的空间。

图 2-27　电梯的底坑

4）当轿厢完全压在缓冲器上面时，底坑还应有足够的空间能放进一个不小于 0.5m×0.6m×1.0m 的矩形体。

5）底坑底与轿厢最低部分之间的净空距离应不小于 0.5m。

6）底坑内应有电梯停止开关，该开关安装在底坑入口处，当人打开门进入底坑时应能够立即触及。

7）底坑内应设置一个电源插座。

任务实施

步骤一：学习准备

1）指导教师对学生进行分组，并进行安全与操作规范的教育。

2）检查需使用的教学设备（如 YL-777 型教学电梯），准备好所需的工具和器材。

3）按照"学习任务 1.2"的规范要求做好维修保养前的准备工作，并设置安全防护栏及安全警示标志（可参见图 1-31、图 1-32）。

步骤二：进入底坑

1）按外呼按钮，将轿厢召唤至此层。

2）在轿厢内按上一层的指令。

3）等待电梯运行到合适位置。用层门钥匙打开层门约 100mm，放入顶门器，按外呼按

进出电梯的底坑

钮等候 10s（见图 2-28），测试层门门锁是否有效（若轿厢在平层位置，应确认电梯轿厢门和相应层门处于关闭状态）。

4）打开层门，放入顶门器，侧身保持平衡，按上急停开关，如图 2-29 所示。拿开顶门器，关闭层门，按外呼按钮等候 10s，测试上急停开关是否有效。

5）打开层门，放置顶门器，进入底坑，打开照明开关，如图 2-30 所示。按下急停开关，再出底坑。在层门外将上急停开关复位，拿开顶门器，关闭层门，按外呼按钮，测试下急停开关是否有效。

图 2-28　按外呼按钮

图 2-29　侧身伸手按上急停开关

图 2-30　打开底坑照明灯

6）打开层门，放置顶门器，按上急停开关，进入底坑。打开层门约 100mm，放入顶门器固定层门，开始工作。

步骤三：退出底坑

1）完全打开层门，用顶门器固定层门。

2）将下急停开关复位，关闭照明开关，出坑。

3）在层门地坎处，将上急停开关复位。

4）拿开顶门器，关闭层门。

5）试运行确认电梯恢复正常后，清理现场，移开安全警示牌。

步骤四：记录与讨论

1）将进出底坑操作的步骤与要点记录于表 2-4 中。

表 2-4　进出底坑操作记录表

序号	操作要领	注意事项
步骤 1		
步骤 2		
步骤 3		

（续）

序号	操作要领	注意事项
步骤 4		
步骤 5		
步骤 6		
步骤 7		
步骤 8		
步骤 9		

2）学生分组讨论进出底坑操作的要领与体会。

3）进行评价反馈。

相关链接

底坑安全操作注意事项

1）准备好必备的工具，如层门钥匙、手电筒等。

2）进入底坑时，应先切断底坑急停开关或动力电源，打开底坑照明，再下到底坑工作。

3）进底坑时要使用梯子。梯子要坚固，放置合理、平稳。不准踩踏缓冲器进入底坑，进入底坑后找安全的位置站好。

4）需运行电梯时，在底坑的维修人员一定要注意所处的位置是否安全，防止被随行电缆、平衡链兜着，或者发生其他的意外事故。

5）底坑里必须有低压照明灯，且亮度要足够。

6）在底坑工作的时候，应注意周围环境，防止被底坑中的装置碰伤。

7）有维修人员在底坑工作时，绝不允许机房、轿厢顶等处同时进行检修工作，以防意外事故发生。

8）严禁在底坑里吸烟。

9）注意保持底坑卫生与清洁，要定期清扫。底坑不得积油、积水、积尘，不得堆放杂物。

评价反馈

首先由学生根据学习任务完成情况进行自我评价，然后再进行小组评价，最后由教师评价，评分结果记录于表 2-5 中（注：各子任务相应选取第 3、4 项内容进行评价）。

表 2-5　学习任务 2.1 评价表

学习任务	评价内容	配分	评 分 标 准	自评	互评	教师评
各子任务	1. 安全意识	10 分	1. 不按要求穿着工作服、戴安全帽、穿防滑电工鞋（扣 10 分） 2. 没有设置防护栏和警示牌（各扣 2 分） 3. 不按安全操作规范使用工具（扣 4 分） 4. 其他的违反安全操作规范的行为（扣 2 分）			

(续)

学习任务	评价内容	配分	评分标准	自评	互评	教师评
各子任务	2. 职业规范和环境保护	10分	1. 在工作过程中工具和器材摆放凌乱(扣3分) 2. 不爱护设备、工具,不节省材料(扣3分) 3. 在工作完成后不清理现场,在工作中产生的废弃物不按规定处置(各扣2分,若将废弃物遗弃在井道内的可扣3分)			
子任务 2.1.1	3. 通电操作	40分	1. 没有做好操作前全面检查(扣5分) 2. 没有大声告知其他人员准备通电(扣5分) 3. 没有侧身合闸(扣10分) 4. 没有按顺序操作(扣10分)			
	4. 断电操作	40分	1. 没有侧身断电(扣10分) 2. 没有验电(扣10分) 3. 没有上锁、挂牌(扣10分)			
子任务 2.1.2	3. 紧急救援的基本操作	60分	1. 没有及时安抚被困乘客(扣5分) 2. 没有断电后挂牌上锁(扣5分) 3. 轿厢位置和盘车方向判断有误(扣10分) 4. 判断电梯在平层区后停止盘车,没有把救援装置放回原处(扣10分) 5. 没有用专用工具合理开门(扣10分) 6. 人员救出来后没有及时关好层门和轿厢门(扣10分) 7. 恢复后没有确认电梯是否正常(扣10分)			
	4. 盘车的姿势	20分	1. 盘车松闸时两脚没有站稳(扣6分) 2. 盘车时两手离开盘车手轮(扣8分) 3. 盘车口号配合不默契(扣6分)			
子任务 2.1.3	3. 进入轿顶	50分	1. 没有系安全带(扣10分) 2. 轿厢没有停在合适的位置(扣10分) 3. 三角形的层门钥匙使用不正确(扣10分) 4. 没有验证层门门锁、急停开关和检修开关(各扣10分)			
	4. 退出轿顶	30分	1. 没有将电梯运行至易于出轿顶的位置(扣10分) 2. 不在同一层,没有验证门锁回路(扣10分) 3. 急停开关未复位;检修转换开关未拨至正常位置;轿顶照明未关闭(扣10分)			
子任务 2.1.4	3. 进入底坑	50分	1. 操作时头和身体越过层门(扣20分) 2. 不正确使用顶门器(扣10分) 3. 没有验证层门门锁(扣10分) 4. 没有验证上、下急停开关(各扣10分)			
	4. 退出底坑	30分	1. 没有将急停开关复位、底坑照明关闭(扣15分) 2. 工作结束后,没有让电梯恢复工作(扣15分)			
合　　计						

总评分 = 自评分×30%+互评分×30%+教师评分×40%

学习任务 2.2　电梯电气系统的维修

任务目标

核心知识

了解电梯电气控制系统的构成与基本原理，熟悉电气故障的类型。

核心能力

学会电梯常见电气故障的诊断与排除方法。

任务分析

通过完成机房电气控制柜、安全保护电路、开关门电路的电气故障维修 3 个子任务，能够识读电梯电气控制原理图，了解电梯电气控制系统的构成，并学会电梯常见电气故障的诊断与排除方法。

知识准备

一、电梯电气系统的构成

电梯的电气系统包括电力拖动系统和电气控制系统；如果从硬件的角度区分，由电源总开关、电气控制柜（屏）、轿厢操纵箱以及安装在电梯各部位的安全开关和电气元件组成；如果按电路功能，又可分为电源配电电路、电梯开关门电路、电梯运行方向控制电路、电梯安全保护电路、电梯呼梯及楼层显示电路和电梯消防控制电路等。现简介如下：

1. 电源配电电路

电源配电电路的作用是将市电网电源（三相交流 380V，单相交流 220V）经断路器配送到主变压器、相序继电器、照明电路等，为电梯各电路提供合适的电源电压。

2. 电梯开关门电路

电梯开关门电路的作用是根据开门或关门的指令以及门的开、关是否到位，门是否夹到物品，轿厢承载是否超重等信号，控制开关门电动机的正反转起动和停止，从而驱动轿厢门启闭，并带动层门启闭。为了保护乘客及运载物品的安全，电梯运行的必备条件是电梯的轿厢门和层门均锁好，门锁接触器给出正常信号。

3. 电梯运行方向控制电路

电梯运行方向控制电路的作用是当乘客、司机或维保人员发出召唤信号后，微机主控制器根据轿厢的位置进行逻辑判断后，确定电梯的运行方向并发出相应的控制信号。

4. 电梯安全保护电路

电梯在运行过程中，会出现各种异常现象（如设备异常、电梯行程超限等），或因操作不当，或是在进行检修保养时需要在相应的位置上保证维保人员的安全。电梯安全保护电路的作用是在出现以上情况时，安全接触器断电以切断电梯的电源。

5. 电梯呼梯及楼层显示电路

电梯呼梯及楼层显示电路的作用是将各处发出的召唤信号转送给微机主控制器，在微机主控制器发出控制信号的同时把电梯的运行方向和楼层位置通过楼层显示器显示。

6. 电梯消防控制电路

电梯消防控制电路的作用是在电梯发生火警时，使电梯退出正常服务而转入消防工作状态。大多数电梯在基站呼梯按钮上方安装一个"消防开关"，该开关用透明的玻璃板封闭，开关附近注有相应的操作说明。一旦发生火灾，用硬器敲碎玻璃面板，按动消防开关，电梯马上关闭层门，及时返回基站，使乘客安全脱离现场。

二、电气系统的故障类型及查找方法

电梯的电气自动化程度比较高，电气故障的发生点比较分散，可能是在机房控制柜内，也可能是安装在井道、轿厢、层门外的电气元器件等，给维修工作带来一定的困难。但只要维修人员熟练掌握电梯电气控制原理，熟识各元器件的安装位置和线路的敷设情况，熟识电气故障的类型，掌握排除电气故障的步骤和方法，就能提高排除电气故障的效率。

1. 电梯电气故障的类型

（1）断路型故障

断路型故障就是应该接通工作的电气元器件不能接通，从而引起控制电路出现断点而断开，不能正常工作。造成电路接不通的原因是多方面的，例如触点表面有氧化层或污垢；电气元器件引线的压紧螺钉松动，或焊点虚焊造成断路或接触不良；继电器或接触器的触点被电弧烧毁，触点的簧片被接点接通或断开时产生的电弧加热，自然冷却后而失去弹力，造成触点的接触压力不够而接触不良；当一些继电器或接触器吸合和复位时，触点产生颤动或抖动造成开路或接触不良；电气元器件因烧毁或撞毁造成断路等。

（2）短路型故障

短路型故障就是不该通的电路被接通，而且接通后电路内的电阻很小，造成短路。短路时轻则使熔断器熔断，重则烧毁电气元器件，甚至引起火灾。对已投入正常运行的电梯电气控制系统，造成短路的原因也是多方面的，如电气元器件的绝缘材料老化、失效、受潮造成短路；由外界原因造成电气元器件的绝缘损坏，以及外界导电材料入侵造成短路等。

断路型和短路型故障在以继电器和接触器为主要元件的电梯电气控制系统中较为常见。

（3）位移型故障

电梯的电气控制电路中，有的电路是靠位置信号控制的，这些位置信号由位置开关发出。例如：电梯运行的换速点、消号点、平层点的确定；控制开关门电路中的"慢-更慢-停止"位置信号的发出是靠凸轮组控制；安全电路的上（下）行强迫换速信号、上（下）行限位信号是靠打板和专用的行程开关控制。在电梯运行过程中，这些开关不断与凸轮（或打板）接触碰撞，时间长了就容易产生磨损位移。位移的结果轻则使电梯的性能变坏，重则使电梯产生故障。

（4）干扰型故障

对于采用微机作为过程控制的电梯电气控制系统，则会出现其他类型的故障。例如，外界干扰信号的原因而造成系统程序混乱产生误动作、通信失效等。

2. 电气控制系统排除故障前的预备知识

（1）掌握电路原理

电梯的电气系统特别是控制电路结构复杂，一旦发生故障，要迅速排除，单凭经验是不够的，必须掌握好电气控制电路的工作原理，并弄清从选层（定向）、关门、起动、运行、换速、平层、停梯和开门等环节控制电路的工作过程，明白各电气元器件之间的相互关系及其作用，了解电路原理图中各电气元器件的安装位置，存在机电配合的位置，明白它们之间是怎样实现配合动作的，才能准确地判断故障的发生点，并迅速予以排除故障。

（2）分析故障现象

在诊断与排除故障之前，必须清楚故障现象，才有可能根据电路原理图和故障现象，迅速准确地分析和判断出故障的性质和范围。查找故障现象的方法很多，可以通过听取司机、乘用人员或管理人员讲述发生故障时的现象，或通过看、闻、摸以及其他必要的检测方法查找。

① 看：就是查看电梯的维修保养记录，了解在故障发生前有否做过任何调整或更换元器件。观察每一元器件是否正常工作；看故障灯、故障码或控制电路的信号输入/输出指示是否正确；看电气元器件外观颜色是否改变等。

② 闻：就是闻电气元器件（例如电动机、变压器、继电器、接触器线圈等）是否有异味。

③ 摸：就是用手触摸电气元器件的温度是否异常，拨动接线圈是否松动等（要注意安全）。

④ 其他的检测方法：如根据故障代码、借助仪器仪表（万用表、钳形电流表、绝缘电阻表等）检测电路中各参数是否正常，从而分析判断故障所在。

最后根据电路原理图确定故障性质，准确分析判断故障范围，制定切实可行的维修方案。

3. 电气系统故障的查找步骤和方法

首先用程序检查法确定故障出于哪个环节电路，然后再确定故障出于此环节电路上的哪个电气元器件的触点上。

（1）程序检查法

电梯正常运行过程，都经过选层、定向、关门、起动、运行、换速、平层和开门，循环往复。其中每一步称为一个工作环节，实现每一个工作环节的控制电路称为工作环节电路。这些电路都是先完成上一个环节才开始下一个工作环节，一步跟着一步，一环紧扣一环。所谓程序检查法，就是维修人员根据电梯运行过程中电气控制过程的动作顺序，观察各环节电路的工作情况。如果某一信号没有输入或输出，说明此环节电路出了故障，维修人员可以根据各环节电路的输入、输出指示灯的动作顺序或电气元器件动作情况，判断故障出自哪一个工作环节电路。程序检查法是把电气控制电路的故障确定在具体某个电路范围内的主要方法。

（2）电压法

所谓电压法，就是使用万用表的电压挡检测电路某一元器件两端的电位的高低，来确定电路（或触点）的工作情况的方法。使用电压法可以测定触点的通或断。当触点两端的电位一样，即电压降为零，也就是电阻为零，判断触点为通；当触点两端电位不一样，电压降等于电源电压，也就是触点电阻为无限大，即可判断触点断开。

（3）短接法

短接法就是用一段导线逐段接通控制电路中各个开关接点（或线路），模拟该开关（或线路）闭合（或接通）来检查故障的方法。短接法是用来检测触点是否正常的一种方法。当发现故障点后，应立即拆除短接线，不允许用短接线代替开关或开关触点的接通。

短接法主要用来寻找电路的断点，例如安全回路故障。电梯正常运行时所有的安全开关与电气触点都要处于接通状态，因为串联在安全回路上的各安全开关安装位置比较分散，一旦其中之一的安全开关或继电器触点意外断开或接触不良，将会造成安全回路不能工作，使电梯无法运行。所以如果没有合适的方法，要想尽快找出故障所在点十分困难，在这种情况下短路法是较为有效的方法。下面介绍用短接法查找安全回路故障的步骤：

① 检测时，一般先检查电源电压，看是否正常。在电源电压正常的情况下，继而检查开关、元器件触点应该接通的两端，若电压表测量后没有电源电压值显示，则说明该元器件或触点断路；若线圈两端的电压值正常，但继电器不吸合，则说明该线圈断路或是损坏。

② 对于初步判断为断开的开关、元器件触点，可用一根短接线模拟接通该断点，若电路恢复正常，则可确定该触点出现故障断开。

③ 松开短接线，修复触点或者更换元器件。

（4）断路法

电梯电气控制电路有时会出现不该接通的触点被接通，造成某一工作环节电路提前动作，使电梯出现故障。排除这类故障的最好方法是使用断路法。所谓断路法，就是把产生上述故障的可疑触点或接线强行断开，排除短路的触点或接线，使电路恢复正常的方法。例如定向电路，如果某一层的内选触点烧结，就会出现不选层也会自动定向的故障。这时最好使用断路法，把可疑的某一层内选元器件触点的连接线拆开，如果故障现象消失了，就说明故障发生在此处。

断路法主要用于排除"或"逻辑关系的控制电路触点被短路的故障。

（5）分区分段法

对于因故障造成对地短路的电路，保护电路熔断器的熔体必然熔断。这时可以在切断电源的情况下，使用万用表的电阻挡按分区、分段的方法进行全面测量检查，逐步查找，把对地短路点找出来。也可以利用熔断器作辅助检查，此方法就是把好的熔断器安装上，然后分区、分段送电，查看熔断器是否烧毁。如果给 A 区电路送电后熔断器不烧毁，而给 B 区电路送电后熔断器立即烧毁，这说明短路故障点肯定发生在 B 区；如 B 区域比较大，还可以把其分为若干段，然后再按上述方法分段送电检查，这就是分区分段法。

采用分区分段法检查对地短路的故障，可以很快地把发生故障的范围缩到最小限度。然后再断开电源，用万用表电阻挡找出对地短路点，把故障排除。

查找电梯电气控制电路故障的方法主要有上述 5 种，此外还有替代法、电流法、低压灯光检测法、铃声检测法等。

本书以 YL-777 型电梯作为教学用梯，所以在本任务中作为维修举例使用该电梯的电路图，有需要可参阅该设备的电气图样。

子任务 2.2.1　机房电气控制柜的维修

知识准备

电梯的机房电气控制柜

电梯的机房电气控制柜可参见图 1-23，机房电气控制柜的主要电气元器件见表 2-6。机房电气控制柜电源电路如图 2-31 所示，由机房电源箱送来的 380V 三相交流电经主变压器降

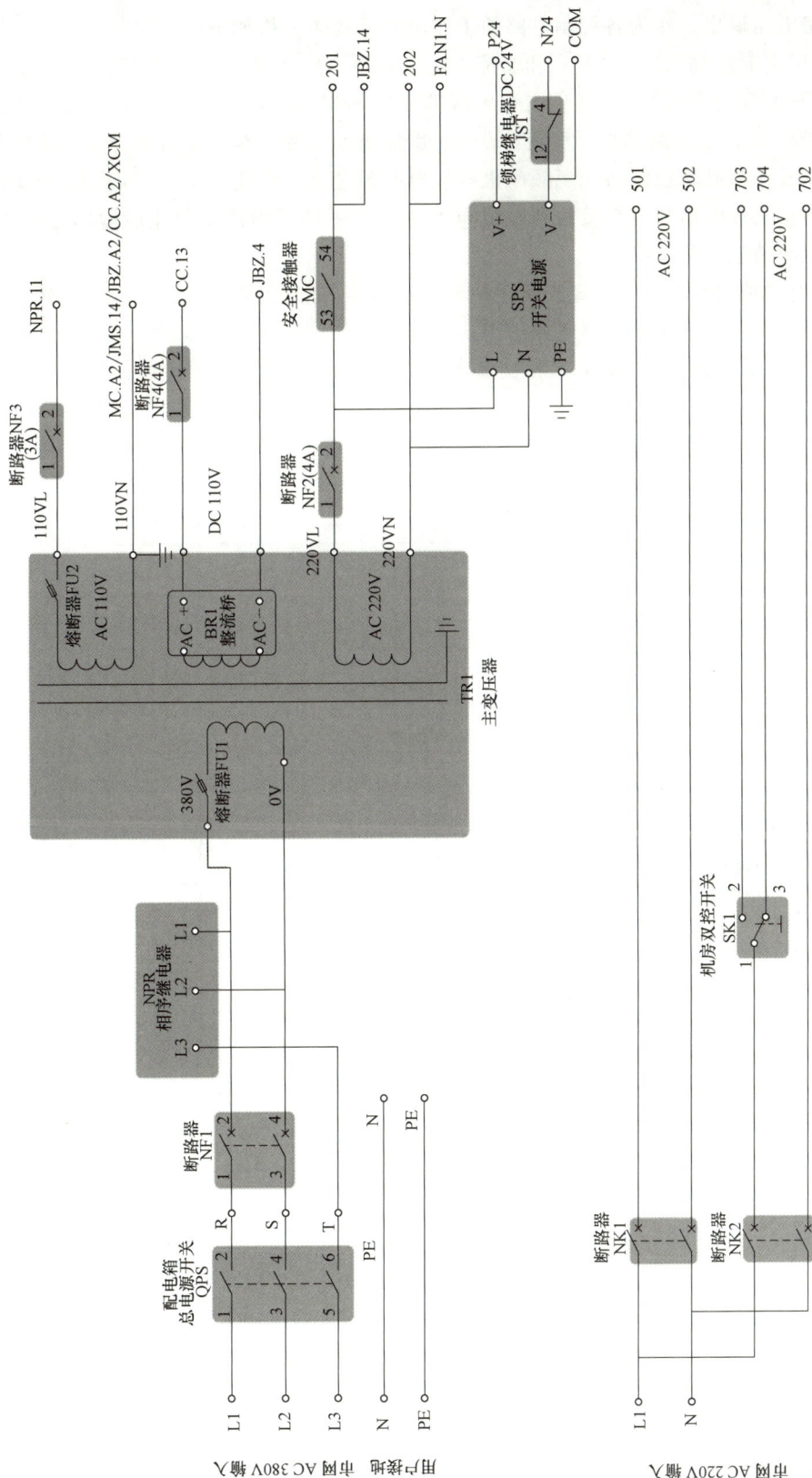

图 2-31　机房电气控制柜电源电路

压后产生三路电压输出，作为各控制电路的工作电源。具体分析如下。

1）由机房电源箱输入的 380V 三相交流电经断路器 NF1 控制，一路送相序继电器 NPR（相线 T 直接送相序继电器），一路送主变压器 TR1 的 380V 输入端。经主变压器降压后，分交流 110V 和交流 220V 两路输出。交流 220V 经断路器 NF2 和安全继电器动合触点后，分别送开关电源以及作为光幕控制器和变频门机控制器电源送出。交流 110V 经断路器 NF3 控制后，一路作为安全接触器和门锁接触器线圈电源送出，一路送整流桥整流后输出直流 110V 电压，作为抱闸装置电源送出。

2）开关电源输出直流 24V，经安全接触器动合触点和锁梯继电器动断触点控制，作为微机主控制板电源以及楼层显示器电源送出。

3）由机房电源箱送来的 220V 单相交流电经控制柜后作为各照明电路的电源和应急电源输入端送出。

表 2-6　机房电气控制柜主要电气元器件一览表

序号	名称	符号	型号/规格	单位	数量
1	电源总开关	QPS	AC 380V	个	1
2	断路器	NF1	AC 380V	个	1
3	断路器	NF2	AC 220V　4A	个	1
4	断路器	NF3	AC 110V　3A	个	1
5	断路器	NF4	DC 110V　4A	个	1
6	相序继电器	NPR		个	1
7	变压器	TR1		个	1
8	整流桥	BR1	AC 110V/ DC 110V	个	1
9	安全接触器	MC		个	1
10	开关电源	SPS		个	1
11	抱闸接触器	JBZ		个	1
12	运行接触器	CC		个	1
13	门锁继电器	JMS		个	1
14	主控制电路板	MCTC-MCB		块	1
15	再平层控制板	SCB-A1		块	1
16	门旁路控制板	MSPL		块	1
17	锁梯继电器	JST		个	1
18	检修转换开关	INSM		个	1
19	控制柜急停开关	EST1		个	1
20	机房检修上行按钮	MICU		个	1
21	机房检修下行按钮	MICD		个	1
22	计数器	JSQ			
23	制动电阻	ZDR			
24	电阻	RB2			
25	机房电话机	FDH		个	1
26	排风扇	FAN1		个	1

电梯机房电气
控制柜的维修

任务实施

步骤一：学习准备

1）指导教师对学生进行分组，并进行安全与操作规范的教育。

2）检查需使用的教学设备（如 YL-777 型教学电梯），准备好所需的工具和器材。

3）按照"学习任务 1.2"的规范要求做好维修保养前的准备工作，并设置安全防护栏及安全警示标志（可参见图 1-31、图 1-32）。

步骤二：机房电气控制柜检查的步骤与方法

1）在电源总开关断开的情况下，对控制柜的部件实施"看、闻、摸"的检查方法。若没有发现明显的故障部位（故障点），再进行以下操作。

2）判断市网 380V 供电是否正常，然后可按图 2-32 所示流程进行检修（也可以从各电

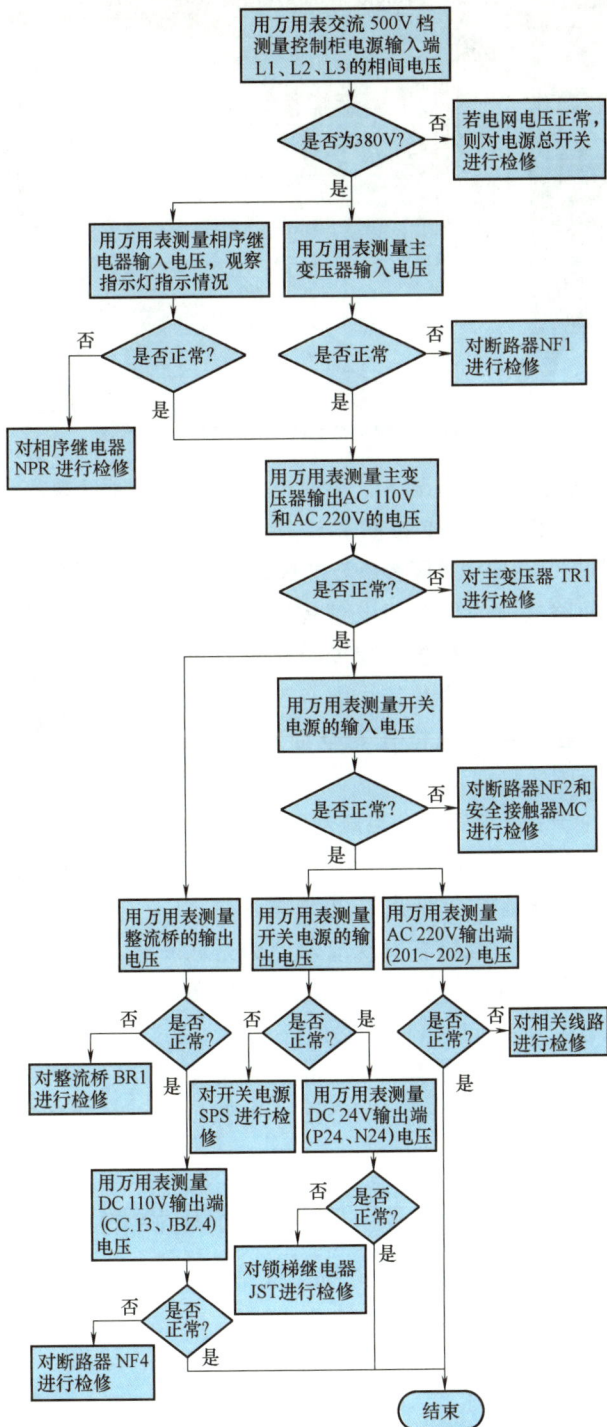

图 2-32　机房电气控制柜电源电路故障检修流程图

源电压输出端开始，用电压法反向测量，检测 DC 24V 电源配电环节故障如图 2-33 所示。

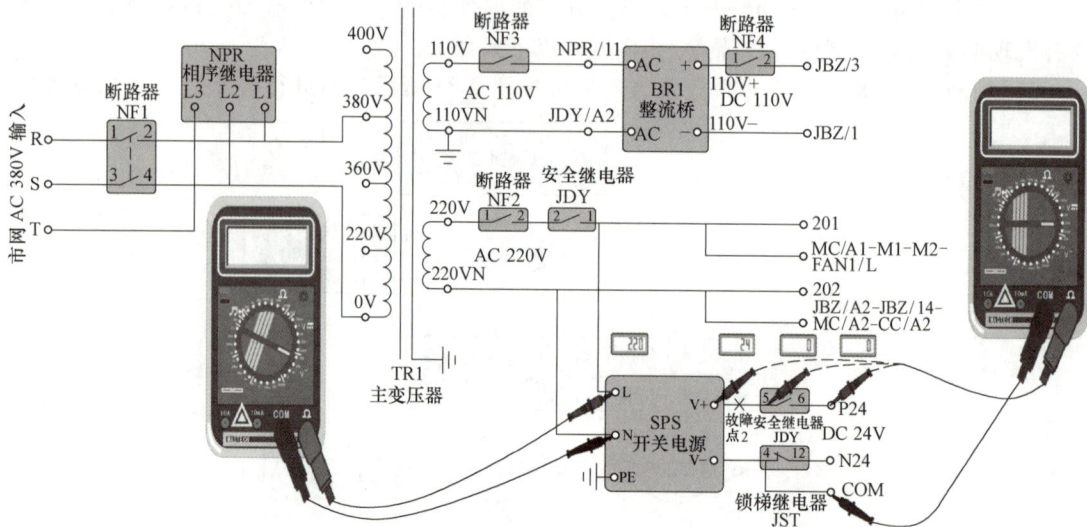

图 2-33 检测 DC 24V 电源配电环节故障

3）在电网 380V 供电正常的情况下，接通电源总开关，通过观察，如果故障比较明显，则可直接对局部电路进行检测，不必按图 2-32 所示流程进行检测。

步骤三：机房电气控制柜典型故障诊断与排除的步骤与方法

现以接触器安全回路故障为例介绍电气控制柜故障诊断与排除的基本方法。例如：通过观察发现安全接触器没有吸合，可以先用万用表交流电压挡测量其线圈有没有电压（见图 2-34），如果没有电压，则首先检查安全回路是否接通。具体操作步骤如下。

1）首先断开电源总开关，断开安全接触器线圈的一端，测量安全回路的电阻值，如果为零，则表明安全回路没有断开点。

2）然后恢复供电，测量安全回路的电源输入端 NF3/2 和 110VN 的电压，结果为零，经检查发现故障原因是从断路器 NF3 引出的 NF3/2 端接触不良，造成安全回路的电源电压不正常，安全接触器不吸合，所以电梯不能运行。

图 2-34 测量安全接触器的线圈电压

3）重新把该接线端接牢固，故障排除，电梯恢复正常。

4）又如，经检查，楼层显示器没有 DC 24V 电源供给，则可参照图 2-33，对电源配电环节的对应回路进行检测（可自行分析）。

子任务 2.2.2 安全保护电路的维修

 知识准备

电梯的安全保护电路

电梯的安全保护电路如图 2-35 所示，由图可见该电路实际是安全接触器 MC 的线圈回

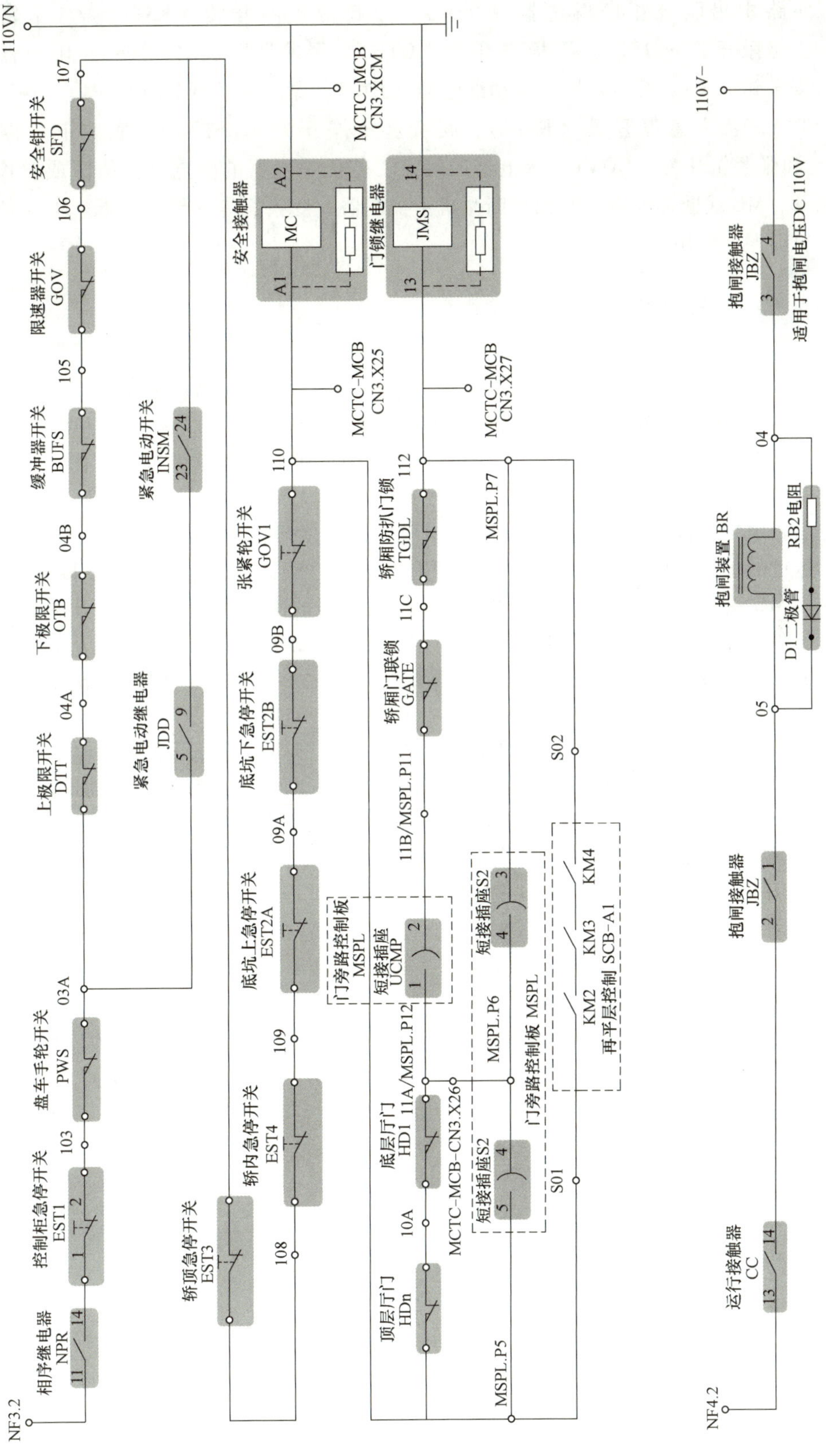
110VN
NF3.2
相序继电器 NPR
11 14
控制柜急停开关 EST1
1 2
103
盘车手轮开关 PWS
03A
上极限开关 DTT
04A
下极限开关 OTB
04B
缓冲器开关 BUFS
105
限速器开关 GOV
106
安全钳开关 SFD
107
紧急电动继电器 JDD
5 9
紧急电动开关 INSM
23 24
轿顶急停开关 EST3
108
轿内急停开关 EST4
109
底坑上急停开关 EST2A
09A
底坑下急停开关 EST2B
09B
张紧轮开关 GOV1
110
MCTC-MCB CN3.X25
安全接触器
A1 MC A2
MCTC-MCB CN3.XCM
顶层厅门 HDn
10A
底层厅门 HD1
11A/MSPL.P12
门旁路控制板 MSPL
短接插座 UCMP
1 2
11B/MSPL.P11
轿厢门联锁 GATE
11C
轿厢防扒门锁 TGDL
112
MCTC-MCB CN3.X27
13 JMS 14
门锁继电器
MCTC-MCB-CN3.X26
短接插座S2
5 4
MSPL.P6
短接插座S2
4 3
MSPL.P7
门旁路控制板 MSPL
MSPL.P5
S01
KM2 KM3 KM4
再平层控制 SCB-A1
S02
NF4.2
运行接触器 CC
13 14
抱闸接触器 JBZ
2 1
05
D1二极管
抱闸装置 BR
RB2电阻
04
抱闸接触器 JBZ
3 4
适用于抱闸电压DC 110V
110V-

图 2-35　安全保护电路

路，在该回路中串联了相序继电器（NPR）、控制柜急停开关（EST1）、盘车轮开关（PWS）、上极限开关（DTT）、下极限开关（OTB）、缓冲器开关（BUFS）、限速器开关（GOV）、安全钳开关（SFD）、紧急电动继电器（JDD）、紧急电动开关（INSM）、轿顶急停开关（EST3）、轿内急停开关（EST4）、底坑上急停开关（EST2A）、底坑下急停开关（EST2B）和张紧轮开关（GOV1）等电器的触点，若任一电器的触点（因故障或在检修时人为）断开，MC 线圈即断电，从而切断微机主控制器、变频器等的供电电源，电梯停止运行，从而起到保护作用。

✎ **任务实施**

步骤一：学习准备

1）指导教师对学生进行分组，并进行安全与操作规范的教育。

2）检查需使用的教学设备（如 YL-777 型教学电梯），准备好所需的工具和器材。

3）按照"学习任务 1.2"的规范要求做好维修保养前的准备工作，并设置安全防护栏及安全警示标志（可参见图 1-31、图 1-32）。

步骤二：电梯安全保护电路故障诊断与排除的步骤与方法

电梯运行的前提条件是安全保护电路的所有开关、电气元器件触点都处于接通状态下，安全接触器 MC 得电吸合。由于安全保护电路是 MC 线圈的串联回路，任一个开关或电器触点断开、接触不良都会造成 MC 断电，使电梯无法运行。由于串联在回路上各开关、电气元器件的安装位置比较分散，难以迅速找出故障所在点，较好的方法是采用电位法结合短接法查找故障点，步骤如下：

1）在检测时，一般先检查电源电压，看是否正常。继而可检查开关、元器件触点应该接通的两端，若电压表上没有指示，则说明该元件或触点断路。若线圈两端的电压值正常，但接触器（继电器）不吸合，则说明该电器已损坏（如线圈断路）。

2）下面举例说明用电位法检查安全保护电路故障的步骤（见图 2-36）。

① 先用万用表测量 NF3.2-110VN 两端是否有 110V 电压，如果有则说明回路电源正常。

② 然后将一支表笔固定在"110VN"端，另一支表笔在其他接线端逐点测量。如在接线端 03A 处，如果电压表没有 110V 电压指示，则说明 NF3.2 端到 03A 端之间的电气元器件不正常，故障点应在该范围内寻找。

③ 假设表笔放置于接线端 03A 处有电压指示，而将表笔置于下一个点 103 处时没有电压指示，则可以初步断定故障点应该在接线端 103 与 03A 之间的盘车手轮开关 PWS 上。此时可用短接线短接"103"与"03A"两端，如果安全接触器 MC 吸合，则证明故障应在盘车手轮开关上，然后找到该元件进行修复或更换，从而排除故障。

> **注意**：短接法只是用来检测触点是否正常的一种方法，须谨慎采用。当发现故障点后，应立即拆除短接线，不允许用短接线代替开关或开关触点的接通。短接法只能寻找电路中串联开关或触点的断点，而不能判断电器线圈是否损坏（断路）。

3）也可以采用电阻法来检测触点是否断开，步骤如下：

① 注意应在电路断电的情况下操作。首先把断路器 NF1 拨到断开位置，断开电源，用万用表交流电压挡测量 NF3.2-110VN 两端是否有 110V 电压，保证回路不带电。

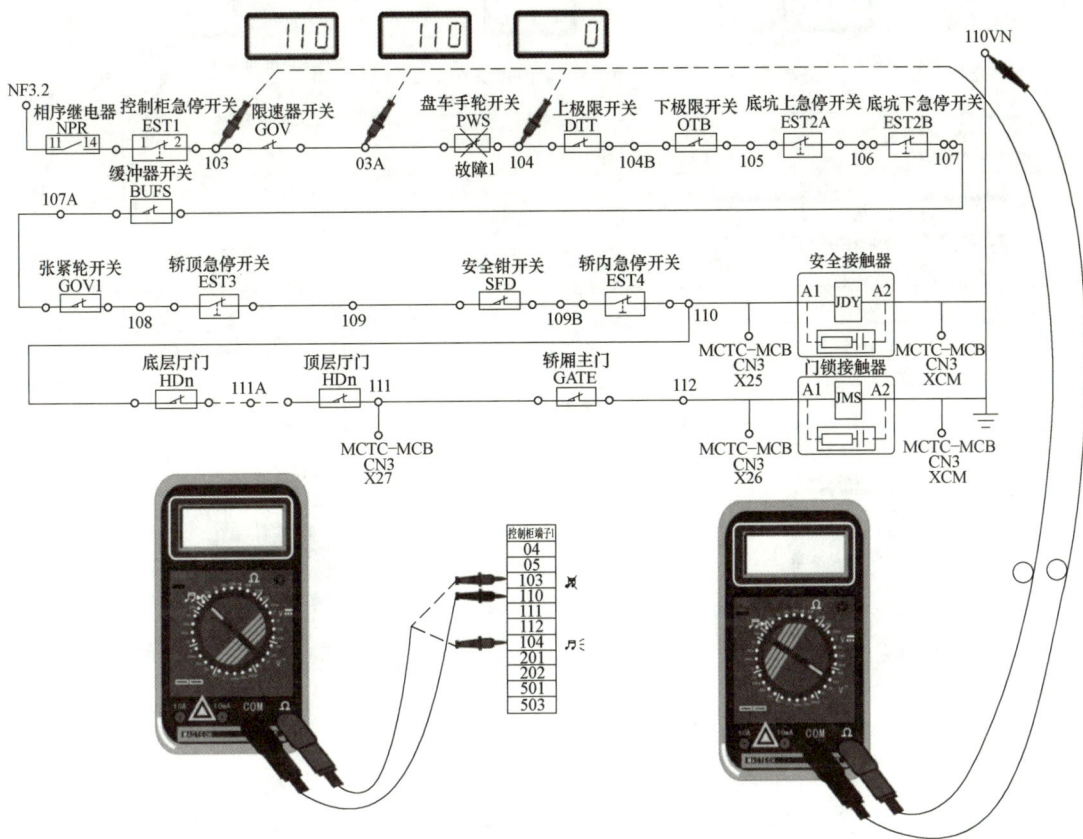

图 2-36 电位法检查安全保护电路故障示意图

② 然后把断路器 NF3 拨到断开位置，用万用表电阻挡逐点测量（见图 2-37）。例如：在机房电气控制柜内的接线端中找到编号为 110VN、03A 和 103 的接线端，分别测量 110VN 端与 03A 端、110VN 端与 103 端的通断情况，如果前者接通后者没通，显然故障断点发生在 03A 与 103 两端的盘车手轮开关 PWS 上。

如果想加快检查的速度，也可以采用优选法分段测量，可参见图 2-38，自行分析并写出操作步骤。

子任务 2.2.3 开关门电路的维修

知识准备

电梯的自动开关门控制系统

YL-777 型教学电梯的开关门系统由开关门控制系统、

图 2-37 测量盘车手轮开关元件

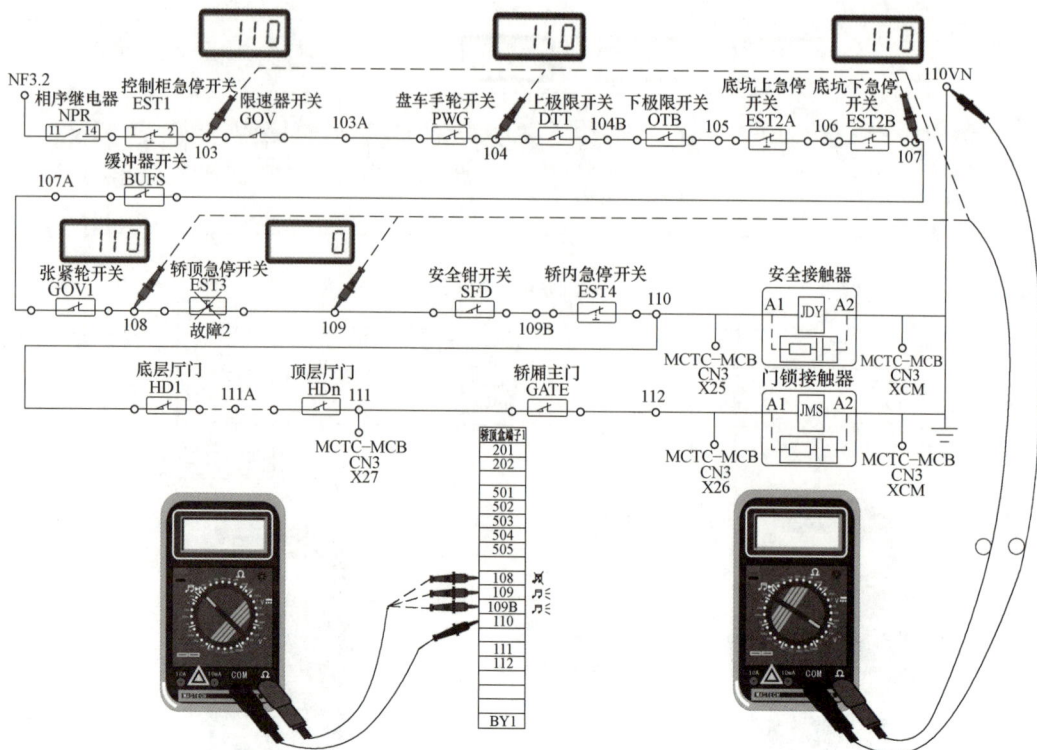

图 2-38 电阻法检查安全保护电路故障示意图

开关门电动机、开关门按钮、开关门位置检测开关和保护光幕等组成，如图 2-39 所示。该系统采用变频门机作为驱动自动门机构的原动力，由门机专用变频控制器控制门机的正反转、减速和力矩保持等功能，其控制电路原理图如图 2-40 所示。开关门控制系统向电梯控制系统发出指令和信号，电梯控制系统根据电梯运行的控制环节，向门机控制系统发出开、关门的指令和信号，实现门机控制。在开关门过程中，变频门机借助于专用位置编码器，实现自动平稳调速。为保证安全，电梯的轿厢门和层门不能随意开关，因此电梯内呼系统的开关门按钮只是起向微机主控制器发出信号的作用。微机主控制器根据电梯的工作状态和当前运行情况最终决定是否开门或关门，并发出指令给开关门控制系统。

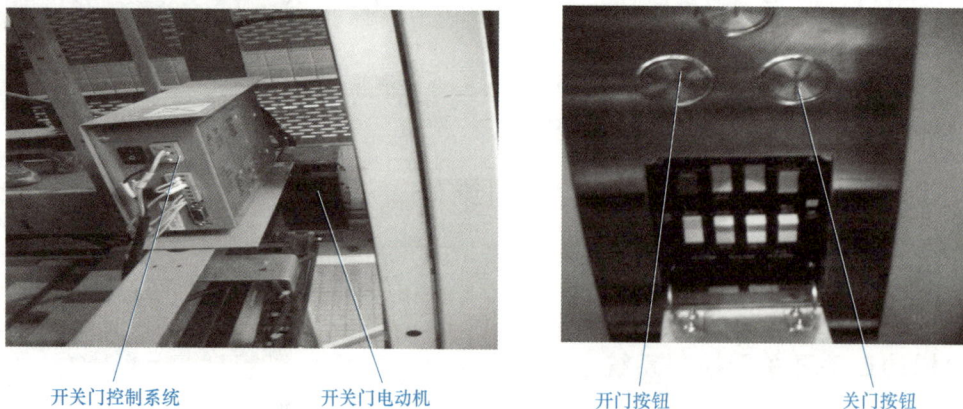

开关门控制系统   开关门电动机   开门按钮   关门按钮

图 2-39 电梯的开关门系统

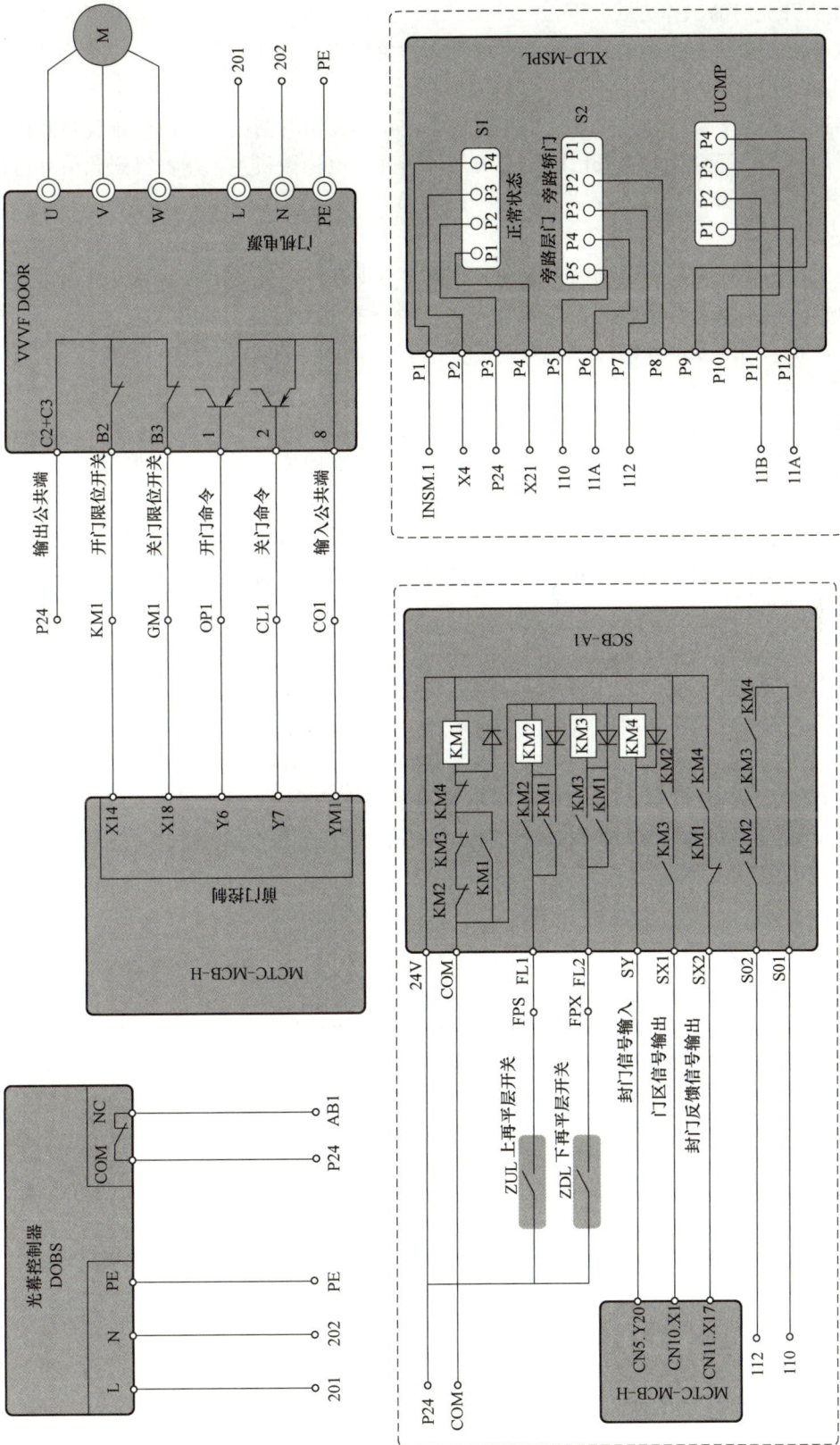

图 2-40　门电动机控制电路原理图

1. 电梯的开关门的工作方式

根据电梯的工作状态和当前运行情况，电梯的开关门有以下几种方式：

（1）自动开门

当电梯进入低速平层区停站之后，电梯微机主控制器发出开门指令，门机接收到此信号时则自动开门，当门开到位时，开门限位开关信号断开，电梯微机主控制器得到此信号后停止开门指令信号的输送，开门过程结束。

（2）立即开门

如在关门过程中或关门后电梯尚未起动时，需要立即开门，此时可按轿厢内操纵箱的开门按钮，电梯微机主控制器接收到该信号时，立即停止输送关门信号指令，发出开门指令，使门机立即停止关门并立即开门。

（3）厅外本层开门

在自动状态时，当在自动关门时或关门后电梯未起动的情况下，按下本层厅外的召唤按钮，电梯微机主控制器收到该信号后，即发出指令使门机立即停止关门并立即开门。

（4）安全触板或光幕保护开门

在关门过程中，安全触板或门光幕被人为障碍遮挡时，电梯微机主控制器收到该信号后，立即停止输送关门信号指令，发出开门信号指令，使门机立即停止关门并立即开门。

（5）自动关门

在自动状态时，停车平层后门开启约 6s 后，在电梯微机主控制器内部逻辑的定时控制下，自动输出关门信号，使门机自动关门，门完全关闭后，关门限位开关信号断开，电梯微机主控制器得到此信号后停止关门指令信号的输送，关门过程结束。

（6）提前关门

在自动状态时，电梯开门结束后，一般等 6s 后再自动关门，但此时只要按下轿厢内操纵箱的关门按钮，则电梯微机主控制器收到该信号后，立即输送关门信号指令，使电梯立即关门。

（7）有司机运行状态的关门

在有司机运动状态时，不再延时 6s 自动关门，而必须要有轿厢内操纵人员持续按下关门按钮才可以关门并到位。

（8）检修时的开关门

在检修状态时，开关门只能由检修人员操作开、关门按钮来进行开关门操作。如处在门开启时，检修人员操作上行或下行检修按钮，电梯门此时执行自动关门程序，门自动关闭。

2. 自动开关门系统电气故障的类型

自动开关门系统常见电气故障的类型即上述电梯的 8 种开关门方式所对应出现的故障。

任务实施

步骤一：学习准备

1）指导教师对学生进行分组，并进行安全与操作规范的教育。

2）检查需使用的教学设备（如 YL-777 型教学电梯），准备好所需的工具和器材。

3）按照"学习任务 1.2"的规范要求做好维修保养前的准备工作，并设置安全防护栏及安全警示标志（可参见图 1-31、图 1-32）。

步骤二：开关门电路故障诊断与排除的步骤与方法

1. 故障现象

门机不开门（有开门指令输入门机变频控制板，但门机不开门）。

2. 故障分析

检查有无指令输入门机变频控制板（以下简称门机板）对于故障的判断很关键。若无指令输入，则与门机板和门机都没关系；如果有指令输入，则与门机板输出和门机有关系。门机板信号指示灯如图 2-41 所示。

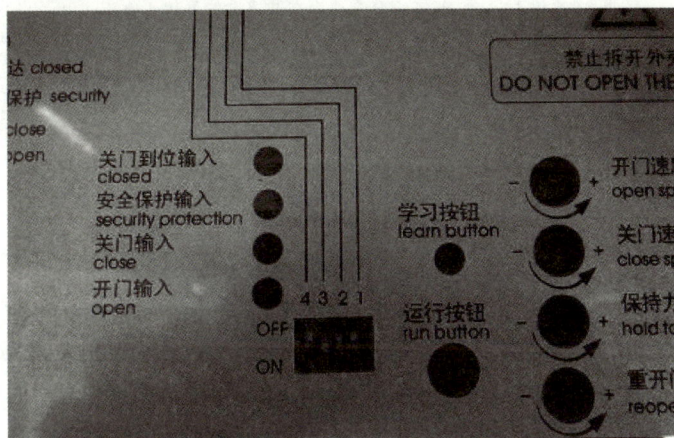

图 2-41　门机板信号指示灯

3. 检修过程

因为有指令输入，所以重点检查门机控制系统输出的三相电源线和门机是否正常，门机电路图如图 2-42 所示。

断开门机控制系统电源，用万用表电阻挡对门机控制系统的三相电源线进行检测，对门机进行三相绕组的电源端子检测，看其三相绕组阻值是否平衡。最后发现是 W 相电源线存在断路现象，更换同规格的新线后恢复正常。

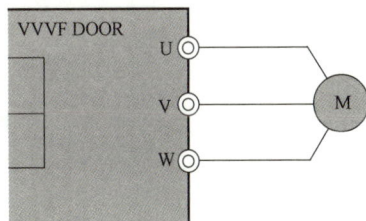

图 2-42　门机电路图

任务评价

根据学习任务完成情况先进行自我评价，然后进行小组互评，最后由教师评价，评价结果记录于表 2-7 中。

表 2-7　学习任务 2.2 评价表

评价内容	配分	评 分 标 准	自评	互评	教师评
1. 安全意识	20 分	1. 不按要求穿着工作服、戴安全帽、穿防滑电工鞋（扣 2~5 分） 2. 在轿顶操作不系好安全带（扣 2 分） 3. 不按要求进行带电或断电作业（扣 2~5 分） 4. 不按安全操作规范使用工具（扣 2~5 分） 5. 其他的违反安全操作规范的行为（扣 2~5 分）			

（续）

评价内容	配分	评分标准	自评	互评	教师评
2. 故障诊断与排除	70分	1. 故障检测操作不规范（扣10~20分） 2. 故障部分判断不正确（扣10~20分） 3. 故障未排除（扣20~40分）			
3. 职业规范和环境保护	10分	1. 在工作过程中工具和器材摆放凌乱（扣1~3分） 2. 不爱护设备、工具，不节省材料（扣1~3分） 3. 在工作完成后不清理现场，在工作中产生的废弃物不按规定处置（各扣1~2分，若将废弃物遗弃在井道内的可扣4分）			
合　　计					

总评分＝自评分×30%＋互评分×30%＋教师评分×40%

相关链接

YL-770型电梯电气安装与调试实训考核装置简介

（一）产品概述

YL-770型电梯电气安装与调试实训考核装置是YL-777型电梯的配套设备之一，如图2-43所示。该装置是根据电梯电气系统的安装、调试和维修保养教学要求而开发的电梯实训教学模块，适合于各类职业院校和技工院校电梯类专业，建筑设备、楼宇智能化专业和机电类专业教学，以及职业资格鉴定中心和培训考核机构教学使用。

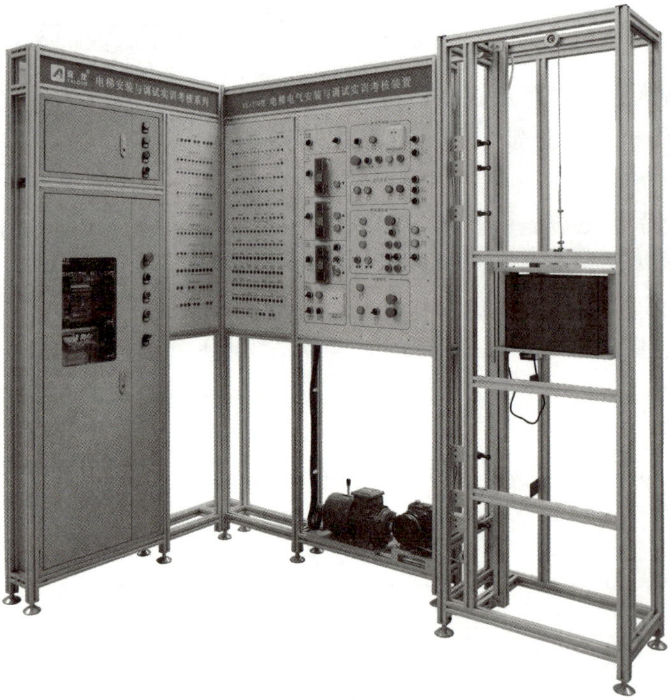

图2-43　YL-770型电梯电气安装与调试实训考核装置外观图

本装置采用了"L"形支架结构，以便于在多台并排布置时形成实训室工位式布局。采用了真实的电梯总电源箱和微机控制柜成套设备，曳引机组及三层井道电气器件均采用模拟的形式，使调试运行过程更加简单直观；并采用了高绝缘的安全型插座与带绝缘护套的高强度安全型插线，可区分强、弱电流的不同规格的插座与插线，以确保操作人员的安全。学习者借助电梯电气原理图进行安全型插线连接，通过模拟运行检验连接的正确性与排除故障，能够在本装置上初步掌握电梯电气原理与规范标准，连接、调试、运行及维修的技能。

（二）主要技术参数

1）输入电源：三相五线，AC 380V，50Hz。

2）工作环境：温度 $-10 \sim 40℃$；湿度 $<95\%$ RH，无水珠凝结；海拔 $<1000m$；环境空气中不应含有腐蚀性和易燃性气体。

3）控制方式：VVVF。

4）额定速度：0.5m/s。

5）整机功耗：≤ 0.75kW。

6）整机重量：≤ 150kg。

7）外形尺寸：长×宽×高 $= 2100mm \times 1140mm \times 2000mm$。

8）安全保护：接地、漏电、过电压、过载、短路。

（三）结构和功能特点

为方便实训操作，本装置采用"L"形铝合金框架结构设计，同时多台并排布置时能够形成实训室工位式布局，而电梯井道、轿厢采用模拟器件嵌入的形式，驱动模拟轿厢的驱动主机采用下置式安装，电梯机房电源箱和控制柜则采用组合式柜体设计，使调试运行过程更加简单直观，方便学习者调整操作，同时也方便教师指导与监管。设备采用当前主流的电梯一体化控制器，具有全集选运行功能、同异步一体化集成驱动、先进的驱动控制算法、高精度矢量控制、运行曲线自动生成、直接停靠技术、支持双梯并联。本装置把电梯控制部分的接线及电梯的各传感器、各种信号开关的接线引出接在安全型插座上，再让学习者根据电梯电气原理图、逻辑控制时序，用安全连线进行连接，让学习者更深入地了解电梯的电气控制原理。

本装置设计安全性符合教学装备相关的国家标准，采用高绝缘的安全型插座与带绝缘护套的高强度安全型插线，插线区域分强、弱电流的不同规格的插座与插线，另外还具备接地、漏电、过电压、过载、短路等安全保护，井道中的模拟轿厢以额定速度 $\leq 0.5m/s$ 的速度运行，确保学习者的安全。

（四）可开设的主要实训项目（见表 2-8）

表 2-8　YL-770 型电梯电气安装与调试实训考核装置可开设的主要教学实训项目

序号	系统	实训项目
1	电梯的电力拖动和电气控制系统	电梯电气主控电路的连接与调试实训
2		电梯电气照明电路的连接与调试实训
3		电梯电气安全电路的连接与调试实训
4		电梯曳引机组的连接与调试实训
5		电梯一体化控制器故障码的查询与检修实训
6	电梯调试	曳引机自动调谐实训
7		电梯井道自学习实训

（续）

序号	系统	实训项目
8		基本参数设置实训
9		矢量控制参数设置实训
10	电梯调试	运行参数设置实训
11		楼层参数设置实训
12		功能输出参数设置实训
13		门功能参数设置实训

学习任务 2.3　电梯机械系统的维修

任务目标

核心知识

了解电梯机械系统的构成与基本原理，熟悉机械故障的类型。

核心能力

学会电梯常见机械故障的诊断与排除方法。

任务分析

通过完成对平层装置和开关门机构的故障诊断与排除等工作任务，学会电梯常见机械故障的诊断与排除方法。

知识准备

电梯机械系统的故障

1. 电梯机械系统产生故障的原因

电梯的机械系统主要包括曳引系统、轿厢和称重、门系统、导向系统、对重及补偿装置和安全保护装置 6 个部分。相对电梯的电气系统而言，电梯机械系统的故障较少，但是一旦发生故障，可能会造成较长的停机待修时间，甚至会造成更为严重的设备和人身事故。电梯机械系统常见故障的原因主要有以下几个方面：

（1）连接件松脱引起的故障

电梯在长期不间断运行的过程中，由于振动等而造成连接件松动或松脱，机械发生位移、脱落或失去原有精度，从而因磨损、碰坏电梯机件而造成故障。

（2）自然磨损引起的故障

机械部件在运转过程中，必然会产生磨损，磨损到一定程度必须更换新的部件，所以电梯运行一定时期后进行大检修，提前更换一些易损件，不能等出了故障再更新，那样就会造成事故或产生不必要的经济损失。平时日常维修中只有及时地调整、保养，电梯才能正常运行。如果不能及时发现滑动或滚轮运转部件的磨损情况并加以调整，就会加速机械部件的磨损，从而造成机件磨损报废，造成事故或故障。如钢丝绳磨损到一定程度必须及时更换，否则会造成轿厢坠落的重大事故；各种运转轴承等都是易磨损件，必须定期更换。

（3）润滑系统引起的故障

润滑的作用是减少摩擦力和磨损，延长机械寿命，同时还起到冷却、防锈、减振、缓冲等作用。若润滑油太少、质量差、品种不对号或润滑不当，会造成机械部分的过热、烧伤、抱轴或损坏。

（4）机械疲劳引起的故障

某些机械部件长时间受到弯曲、剪切等应力，会产生机械疲劳现象，机械强度塑性减小。某些零部件受力超过强度极限，产生断裂，造成机械事故或故障。如钢丝绳长时间受到拉应力，又受到弯曲应力，又有磨损产生，更严重的是受力不均，某股绳可能因受力过大首先断裂，增加了其余股绳的受力，造成连锁反应，最后全部断裂，发生重大事故。

从上面分析可知，只要日常做好维护保养工作，定期润滑有关部件及检查有关连接件情况，调整机件的工作间隙，就可以大大减少机械系统的故障。

2. 电梯机械故障的检查方法

电梯机械发生故障时，在设备的运行过程中会产生一些迹象，维修人员可通过这些迹象发现设备的故障点。机械故障迹象的主要表现有：

（1）振动异常

振动是机械运动的属性之一，但发现不正常的振动往往是测定设备故障的有效手段。

（2）声响异常

机械在运转过程中，在正常状态下发出的声响应是均匀与轻微的。当设备在正常工况条件下发出杂乱而沉重的声响时，表明设备出现异常。

（3）过热现象

工作中，常常发生电动机、制动器、轴承等部位超出正常工作状态的温度变化。如不及时发现，并诊断与排除，将引起机件烧毁等事故。

（4）磨损残余物的激增

通过观察轴承等零件的磨损残余物，并定量测定油样等样本中磨损微粒的多少，即可确定机件磨损的程度。

（5）裂纹的扩展

通过机械零件表面或内部缺陷（包括焊接、铸造、锻造等）的变化趋势，特别是裂纹缺陷的变化趋势，判断机械故障的程度，并对机件强度进行评估。

因此，电梯维修人员应首先向电梯使用者了解发生故障的情况和现象，到现场观察电梯设备的状况。如果电梯还可以运行，可进入轿顶（内）用检修速度控制电梯上、下运行数次，通过观察、听声、鼻闻、手摸等手段，实地分析，判断故障发生的准确部位。

故障部位一旦确定，则可和修理其他机械一样，按有关技术文件的要求，仔细地将出现故障部件进行拆卸、清洗、检测。能修复的，应修复使用；不能修复的，则更新部件。无论是修复还是更新，检修后投入使用前，都必须认真调试并经试运行后，方可交付使用。

子任务 2.3.1 平层装置的维修

知识准备

电梯的平层及平层装置

1. 电梯的平层装置

所谓"平层",就是在平层区域内使轿厢地坎平面与层门地坎平面达到同一平面的运动。平层装置包括装在轿厢顶部的2个或3个平层感应器(2个的为上、下平层感应器;如有3个,则中间的是开门区域感应器,见图2-44b),以及装在井道导轨支架上的遮光板(或隔磁板,下同),如图2-44a所示。当感应器进入隔磁板时给出电梯轿厢在井道位置的信号,由主控制器采集,来实现控制电梯的起动、加速、额定速度运行、减速和平层停车开门的信号。

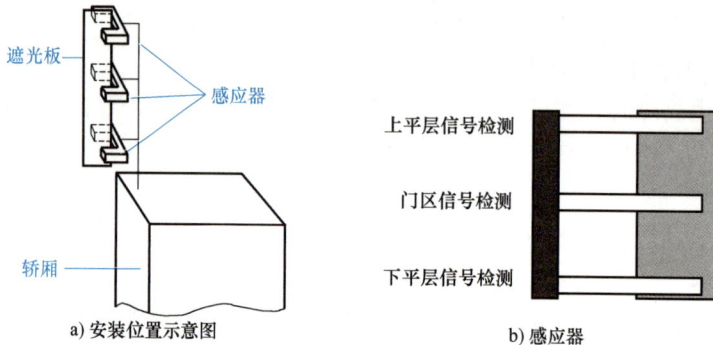

图2-44 电梯的平层装置

2. 平层过程

现以上平层为例,说明装有3个平层感应器的平层过程:

1)当电梯轿厢上行接近预选的层站时,电梯运行速度由快速减为慢速继续上行,装在轿厢顶上的上平层感应器先进入隔磁板,此时电梯仍继续慢速上行。

2)接着开门区域感应器进入隔磁板,使开门区域感应器动作,开门继电器吸合,轿厢门、层门打开。

3)此时轿厢仍然继续慢速上行,当隔磁板插入下平层感应器,轿厢平层停在预选层站。

4)如果电梯轿厢因某种原因超越平层位置时,上平层感应器离开了隔磁板,通过电路控制能够使电梯反向下行再平层,最后回到准确的平层位置再停止。

3. 平层原理

在电梯主机的轴端都安装有一个旋转编码器,在电梯运行时产生数字脉冲,同时控制系统里的位置脉冲累加器,当电梯上行时,位置脉冲累加器接收编码器发出的脉冲,数值增加;当电梯下行时,位置脉冲累加器接收编码器发出的脉冲,数值减少。

安装好的电梯必须在正式运行前的调试过程中,安装好的电梯必须进行一次电梯层楼基准数据的采集(自学习)过程。即用一个指令让电梯进入自学习运行状态,电梯从最底层向上运行到顶层的过程中，当轿厢到达第一层楼的平层位置时，平层开关都动作。在自学习状态时，控制系统就记下到达每一层平层开关动作时位置脉冲累加器的数值，作为每一层楼的基准位置数据。

在正常运行过程中，控制系统比较位置脉冲累加器和层楼基准位置的数值，就可得到电梯的层楼信号，并准确平层。

4. 平层感应器的类型与原理

以前电梯的平层感应器为永磁感应器，现在多为光电感应器。

永磁感应器由 U 形永久磁钢、干簧管继电器和盒体组成，如图 2-45a 所示。其原理是：由 U 形磁钢产生磁场对干簧管继电器产生作用，使干簧管内的触点动作，其动合触点闭合、动断触点断开；当隔磁板插入 U 形磁钢与干簧管中间空隙时，由于干簧管失磁，其触点复位（动合触点断开、动断触点闭合）。当隔磁板离开感应器后，干簧管内的触点又恢复动作。

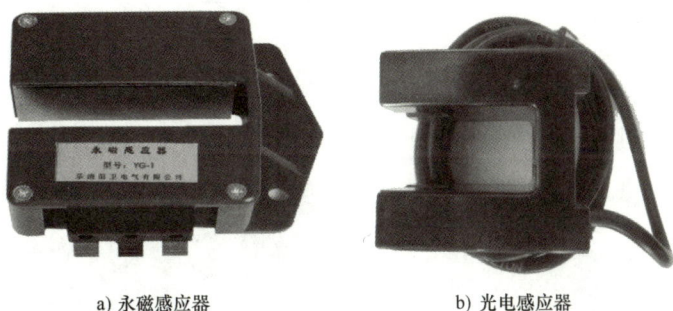

a) 永磁感应器　　　　　　b) 光电感应器

图 2-45　感应器的外形

现在电梯更多使用光电感应器取代永磁感应器。光电感应器如图 2-45b 所示，其作用与永磁感应器相同。光电感应器的发射器和接收器分别位于 U 形槽的两边，当遮光板经过 U 形槽阻断光线时，光电感应器就产生了可检测到的开关量信号。光电感应器较永磁感应器工作可靠，更适合用于高速电梯。

5. 平层装置的安装

平层感应器和遮光板的安装如图 2-46 所示，平层感应器一般安装在轿厢顶部的直梁上面（见图 2-46a）；遮光板则安装在轿厢导轨上，且每层楼均安装一块遮光板（见图 2-46b）。

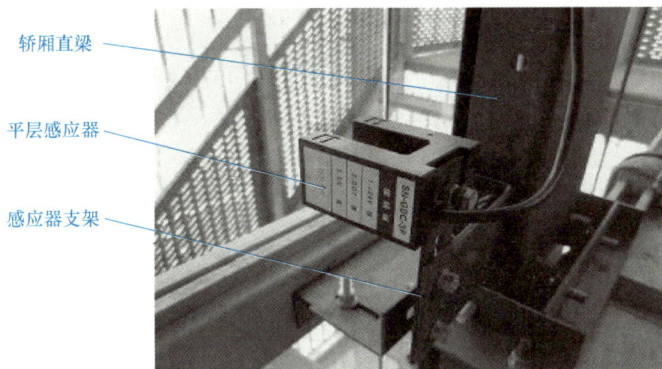

轿厢直梁

平层感应器

感应器支架

a) 平层感应器的安装

图 2-46　平层装置的安装

b)平层遮光板的安装

图 2-46   平层装置的安装（续）

因此平层装置的安装要求是：当电梯平层时，调节遮光板与平层感应器的基准线在同一条直线上，也就是遮光板正好插在感应器的中间，以使轿厢地板与该层的地面相平齐。当遮光板与平层感应器之间间隙不均匀时，应调整准确，如图 2-47 所示。

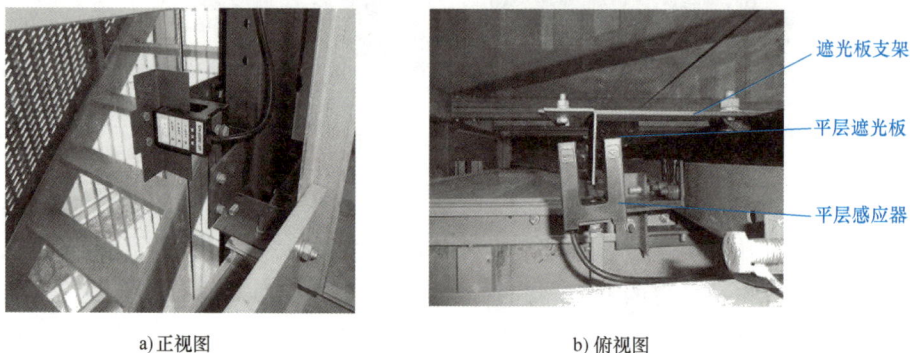

a)正视图   b)俯视图

图 2-47   电梯平层时平层装置的位置

6. 电梯的平层标准

（1）根据 GB/T 10059—2023《电梯试验方法》

平层准确度和平层保持精度。

1）平层准确度

轿厢内分别为空载和额定载重量，单层、多层和全程上下各运行一次。在开门宽度的中部测量层门地坎上表面与轿门地坎上表面间的铅垂距离。

2）平层保持精度

轿厢在底层端站平层位置装载至额定载重量并保持 10min 后，在开门宽度的中部测量层门地坎上表面与轿门地坎上表面间的铅垂距离。

注：以层门地坎上表面为测量基准。

（2）根据 GB/T 10058—2023《电梯技术条件》

电梯轿厢的平层准确度应在±10mm 范围内。平层保持精度应在±20mm 范围内。如果平层保持精度超出±20mm 范围，则应校正至±10mm 范围内。

![任务实施]

电梯平层
装置的维修

步骤一：学习准备

1）指导教师对学生进行分组，并进行安全与操作规范的教育。

2）检查需使用的教学设备（如 YL-777 型教学电梯），准备好所需的工具和器材。

3）按照"学习任务 1.2"的规范要求做好维修保养前的准备工作，并设置安全防护栏及安全警示标志（可参见图 1-31、图 1-32）。

步骤二：排除故障 1

1. 故障现象

轿厢停靠某一楼层站（如一楼）时，轿厢地坎明显高于层门地坎（见图 2-48）。在其他楼层站的停靠则无这种现象。

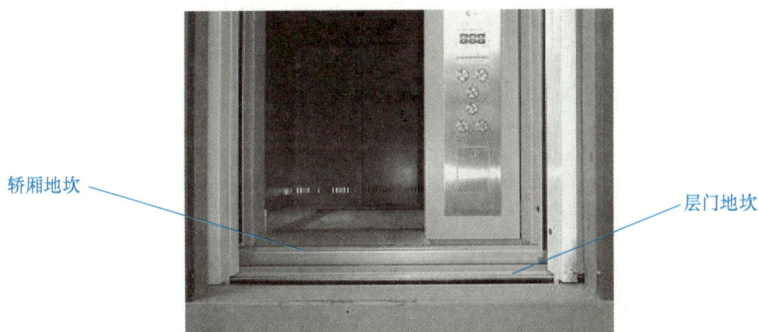

图 2-48　故障 1 现象

2. 故障分析

轿厢停靠其他楼层时均能够准确停靠，说明平层感应器及平层电路均正常，故障可判定是出在该楼层遮光板的定位上。

3. 故障排除过程

1）设置维修警示栏及做好相关安全措施。

2）测量出轿厢地坎与层门地坎的高度差并记录，如图 2-49 所示。

3）按规范步骤进入轿顶，调节该楼层的遮光板。因为是轿厢高，所以应把遮光板垂直往下调，调整时先在遮光板支架的原始位置做个记号，然后把支架固定螺栓拧松 2~3 圈，用胶锤往下敲击遮光板支架达到应要下调的尺寸［即第 2）步测量出的尺寸］。注意要垂直下调，而且调整完后要复

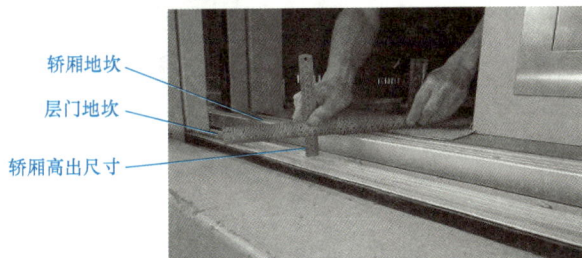

图 2-49　测量高度差

核支架的水平度以及遮光板与感应器配合的尺寸是否均匀，如图 2-50 所示。

4）调节完毕后退出轿顶，恢复电梯的正常运行，验证电梯是否平层，如果还是不平层，再微调遮光板直至完全平层，最后紧固支架固定螺栓。

图 2-50 遮光板垂直下调

步骤三：排除故障 2

1. 故障现象

轿厢在全部楼层站停靠时轿厢地坎都低于层门地坎。

2. 故障分析

轿厢停靠每层层站时都能停靠但都无法准确平层，说明平层感应器及平层电路均正常，故障可判定是出在轿厢上平层感应器的位置调校上。

3. 故障排除过程

1）设置维修警示栏及做好相关安全措施。

2）测量出轿厢地坎与层门地坎的高度差并记录。

3）按规范步骤进入轿顶，调节轿顶上的平层感应器，因为是轿厢低，所以应把传感器垂直往下调，调整时先在传感器的原始位置做个记号，然后把传感器固定螺栓拧松，用手移动传感器达到应要下调的尺寸［即第2）步测量出的尺寸］，注意要垂直下调，而且调整完后要复核遮光板与感应器配合的尺寸是否均匀，如图 2-51 所示。

图 2-51 感应器下调

4）调节完毕后退出轿顶，恢复电梯的正常运行，验证电梯的平层精度，如果达不到要求再重复调节。

子任务 2.3.2　开关门机构的维修

知识准备

电梯的开关门机构

1. 开关门机构组件

开关门机构是指驱动电梯轿厢门和层门同时开或关的组合机件，又称门系统。主要包括开门机组件、轿厢门、层门组件及层门。其中开门机组件如图 2-52 所示，开门机组件安装在轿顶上，轿厢门吊挂在开门机组件的左右挂板上，整个轿厢门子系统随轿厢一起升降。层门组件如图 2-53 所示，层门组件安装在井道各层站的门口上方的内壁上，层门吊挂在层门组件的左右挂板上，由开门电动机带动开关。

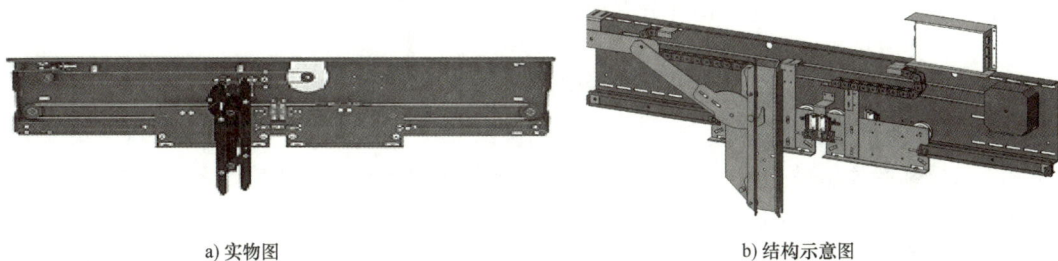

a) 实物图　　　　　　　　　　　　　　　　b) 结构示意图

图 2-52　开门机组件

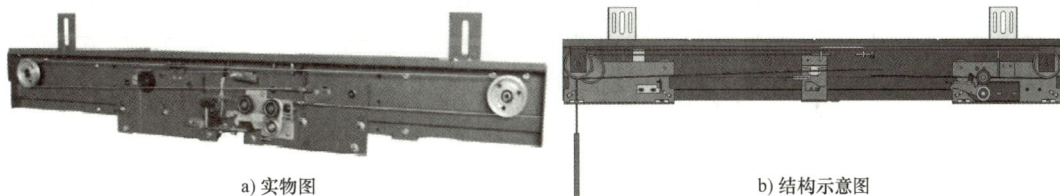

a) 实物图　　　　　　　　　　　　　　　　b) 结构示意图

图 2-53　层门组件

层门都设有自闭装置，由拉力弹簧或重锤组成。当层门非正常打开时，能通过拉力弹簧的拉力或重锤的自重克服层门的关门摩擦力，使层门自动锁闭。

在轿厢门和层门上还设有机械电气联锁检测装置。当电梯门打开时，通过电气控制的门联锁电路，向电梯控制系统发出信号，电梯不能起动运行。

2. 开关门机构的动作及维保要点

（1）开关门机构的动作过程

当轿厢到达某一层站时，安装在轿厢门上的门刀（见图 2-54a）插入该层层门的门锁滚轮（见图 2-54b）中。当轿厢门由开门电动机带动产生开门动作时，门刀随轿厢门动作，首先拨动开锁臂轮，使锁钩脱开完成层门的开锁动作；当门刀继续向右运行，通过门刀推动滚轮使层门向右联动，完成层门的开门动作。当轿厢门关闭时，联动动作过程相反。电梯起动离开层站后，门刀也随轿厢门离开层门门锁，此时层门门锁已锁紧，无法在层站外正常打开。

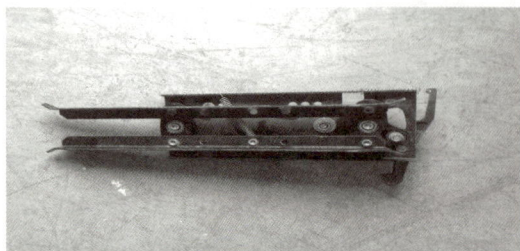
a)门刀

b)门锁滚轮

图 2-54　门刀和门锁滚轮

由于门刀只能直接带动一扇层门，因此两扇层门之间还必须设置一个联动机构，使两扇门能同时产生动作。这就要求层门和轿厢门应平整，启闭轻便灵活，无跳动、摇摆和噪声，门挂轮中的滚珠轴承和其他摩擦部分都应定期润滑减小阻力。

（2）开关门机构维保要点

①当层门或轿厢门滚轮磨损，使门扇下坠，其下端面与门框座间隙小于4mm时，应更换滚轮或调整其间隙为（6±2）mm。

②门导靴磨损超过3mm，应给予更换，门运行时应无跳动、噪声。各连接螺栓应紧固。门导轨每周擦拭一次，涂抹少量机油，使门能轻便灵活地关启。

③门扇在未装自动门机构连杆前，在门扇重心处，沿导轨水平方向牵引，其阻力小于300N。

④对没有自动门机构的电梯门，在全行程最终的100~200mm段，应调整慢速运行，以防撞击。

⑤经常检查轿厢门的门联锁开关的可靠性，只有在完全关门时，开关才接通，电梯方可运行。

⑥电梯因故障中途停止运行时，轿厢门应能在轿厢内用手扒开，开门所需的力不得超过300N，但必须由有经验的保养人员操作。

⑦自动门机构的直流电动机每季度检查一次，每年清洗一次，如电刷磨损严重，应予以更换，并清除电动机内炭屑，在轴承处加注钙基润滑脂。

⑧自动门机构的传动带因伸长而引起张紧力降低，影响开关门性能时，可调整直流电动机底座螺栓，使传动带适当张紧。同理调整中间带轮的偏心轴，可张紧慢速传动带。

⑨对摆杆中的滚轮应定期加注钙基润滑脂，每年清洗一次。

⑩安全触板的动作应灵活可靠，否则应调整安全触板下方的微动开关位置。

电梯的开关门机构的维修

✎ 任务实施

步骤一：学习准备

1）指导教师对学生进行分组，并进行安全与操作规范的教育。

2）检查需使用的教学设备（如YL-777型教学电梯），准备好所需的工具和器材。

3）按照"学习任务1.2"的规范要求做好维修保养前的准备工作，并设置安全防护栏及安全警示标志（可参见图 1-31、图 1-32）。

步骤二：排除故障 1

1. 故障现象

中分式层门关闭后，两门扇的门缝呈现"V"形。

2. 故障分析

中分式层门两门扇间的门缝呈现"V"形，主要是由门扇的垂直度偏差引起的，而导致门扇垂直度偏差的原因主要有以下两种：

1）吊挂门扇的门挂板组件中，门滑轮磨损不均，造成门扇不垂直，使门缝呈"V"形。

2）由于门扇开关门的振动，造成门扇的连接螺栓松动，导致门扇不垂直而产生"V"形。

3. 故障排除过程

1）在层站对两门扇的垂直度进行检测，确定垂直度偏差较大、需进行调整的门扇。

2）进入轿顶，拆下该门扇的门滑轮组件，用游标卡尺检查两个门滑轮的内圆直径尺寸是否一致，如偏差较大，更换门滑轮。

3）检查门扇的连接螺栓是否松动。如果收紧连接螺栓后门扇垂直度偏差仍然较大，可用门垫片进行调整。

调整完成后，应注意检查门扇之间及其与门套、门地坎之间的间隙等是否因调整门扇而有所改变，是否符合国家标准的要求。

步骤三：排除故障 2

1. 故障现象

电梯门关闭后，选层、定向等各项显示正常，但电梯无法起动运行。

2. 故障分析

根据电梯的运行原理，电梯起动运行必须具备两个条件：一是具有选层、定向等信号；二是所有电梯门已关闭并锁紧，门联锁电路接通。

根据故障现象分析，电梯的选层、定向等各项显示正常，表明第一个条件已经具备，因此应重点检查第二个条件是否具备，即门联锁电路是否接通。

3. 故障排除过程

1）到机房打开控制柜，检查门联锁电路，发现门联锁电路未接通，表明电梯门虽已关闭，但未锁紧，门锁紧检测电气装置未接通，导致门联锁电路未接通。因此，下一步应重点检查电梯门的门锁装置是否正常。

2）维修人员进入轿顶，对门锁进行外观检查，检查门锁的完好情况，如门锁损坏进行更换。

3）检查与调整门锁与锁座之间的间隙及锁钩与锁座的啮合深度，调整方法如下：

① 用门锁的安装长圆孔左右调整门锁的位置，将门锁钩与门锁座的间隙调整为（3±1）mm，即门锁钩的竖向基准线与门锁座挂钩面对齐，如图 2-55a 所示。

② 调整门锁座下面垫片的厚度，使门锁钩与门锁座的啮合余量为 7～10.5mm，即门锁钩的横向基准线与门锁座挂钩面上端对齐，如图 2-55a 所示。

③ 将门锁滚轮慢慢压向门打开方向，移动门之前应确认门锁触点已断开。

④ 将门锁滚轮慢慢压向门打开方向，确认门锁钩的行程为 13^{+4}_{0} mm，且门锁钩座挂钩面上端的间隙为 3～9mm，如图 2-55b 所示。如果超标时，应再次确认第②项作业。

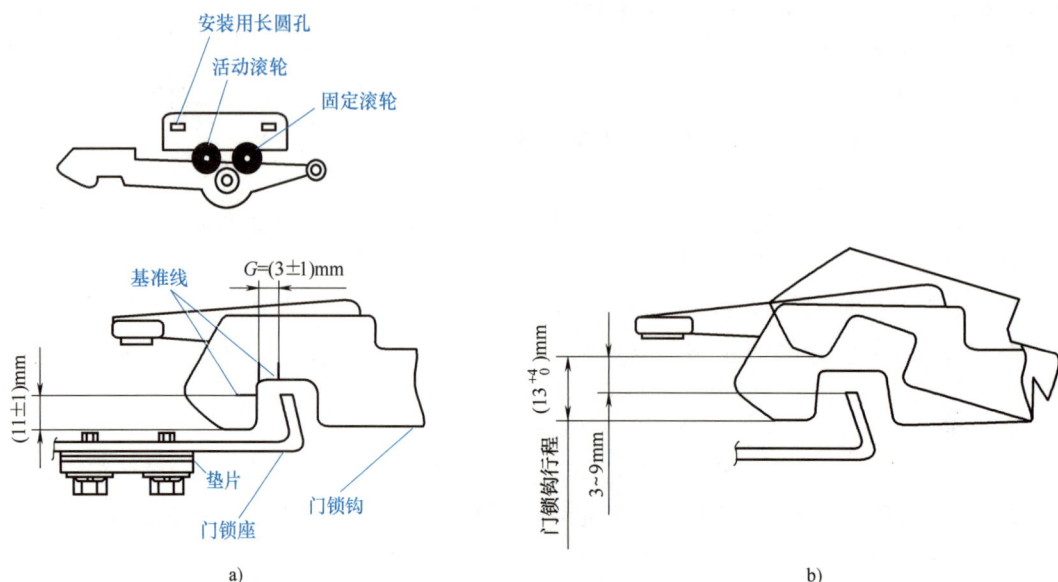

图 2-55　门锁钩与门锁座配合

⑤ 在关门位置完全抓紧门锁滚轮后，再慢慢释放。应确认门锁触点接通时，门锁钩与门锁座的啮合余量为 7 ~ 10.5mm，如图 2-56 所示。

⑥ 检查门锁触点的超行程，应为（4±1）mm，如图 2-57 所示。确认在门关闭锁紧的情况下在门的下端施加人力无法打开层门。在门锁调整结束后，应检查层门在任何位置都可以自动关闭，特别是在锁钩与锁盒接触的位置。

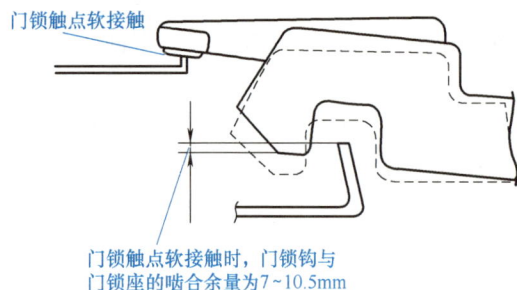

图 2-56　门锁钩与门锁座

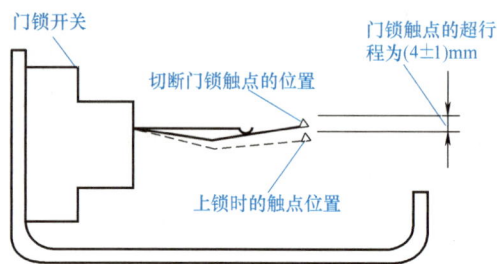

图 2-57　门联锁开关

步骤四：排除故障 3

1. 故障现象

电梯平层开门后，门扇边缘与两边门套不平齐。

2. 故障分析

从电梯安装工艺分析得知，门套的安装是根据门样线（门地坎）定位的，门套安装完后是固定不变的。因此电梯平层开门后，门扇边缘与门套端面不平齐的机械原因是门套的门中线与门扇的门中线不重合，而这一原因是轿厢门门刀与层门开锁滚轮之间的相对水平位置（x 轴方向）发生较大偏差造成的，所以，造成故障的根本原因是门系合装置发生了问题。

3. 故障排除过程

将轿厢运行到合适位置，维修人员在层站层门外，对安装在轿厢门上的门刀进行外观检查，检查门刀是否有松动、变形或损坏，如果没有损坏，则检查门锁滚轮与门刀之间的间隙、门锁滚轮与门刀的啮合深度。调整方法如下：

1）确认轿厢门地坎与门锁滚轮的间隙为（8±2）mm，如图 2-58 所示。如果尺寸超标，应先确认地坎间的间隙和门上坎的定位。

2）使门锁与系合装置重合，确认门锁滚轮与系合装置门刀的间隙为（10±2）mm。如尺寸超过标准，应先确认门上坎的安装中心、门扇的中心、层门与轿厢门的中心是否重合，如图 2-59 所示。

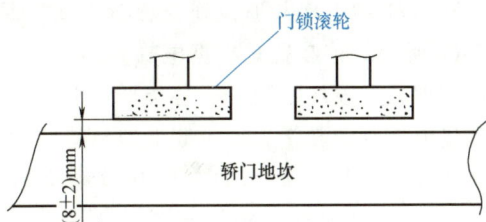

图 2-58 轿厢门地坎与门锁滚轮配合

图 2-59 门锁滚轮与门刀配合

评价反馈

根据学习任务完成情况先进行自我评价，然后进行小组互评，最后由教师评价，评价结果记录于表 2-9 中。

表 2-9 学习任务 2.3 评价表

评价内容	配分	评 分 标 准	自评	互评	教师评
1. 安全意识	20 分	1. 不按要求穿着工作服、戴安全帽、穿防滑电工鞋(扣 2~5 分) 2. 在轿顶操作不系好安全带(扣 2 分) 3. 不按要求进行带电或断电作业(扣 2~5 分) 4. 不按安全操作规范使用工具(扣 2~5 分) 5. 其他的违反安全操作规范的行为(扣 2~5 分)			
2. 故障诊断与排除	70 分	1. 故障检测操作不规范(扣 10~20 分) 2. 故障部分判断不正确(扣 10~20 分) 3. 故障未排除(扣 20~40 分)			
3. 职业规范和环境保护	10 分	1. 在工作过程中工具和器材摆放凌乱(扣 1~3 分) 2. 不爱护设备、工具，不节省材料(扣 1~3 分) 3. 在工作完成后不清理现场，在工作中产生的废弃物不按规定处置(各扣 1~2 分，若将废弃物遗弃在井道内的可扣 4 分)			
合　　计					

总评分 = 自评分×30% + 互评分×30% + 教师评分×40%

相关链接

YL-771型电梯井道设施安装与调试实训考核装置简介

（一）产品概述

YL-771型电梯井道设施安装与调试实训考核装置是YL-777型电梯的配套设备之一，如图2-60所示。该装置是根据电梯井道设施的安装、调试、维修和保养的教学要求而开发的电梯实训教学模块，适合于各类职业院校和技工院校电梯类专业，建筑设备、楼宇智能化专业和机电类专业教学，以及职业资格鉴定中心和培训考核机构教学使用。

本装置采用了真实的电梯井道系统器件，包括层门地坎、轿厢导轨、轿厢架、轿厢、轿厢门地坎、轿厢缓冲器、对重导轨、对重架、护栏、对重块、对重缓冲器等器件；以及与真实井道尺寸相当的钢构井道，使井道系统器件的安装与实际一致。同时，采用了手动葫芦拖动轿厢架和对重架在导轨上的运动，使演示与调试更加方便。学习者可借助电梯井道系统设计图在模拟井道顶部放样线并对井道设备按顺序进行安装与测量，使其符合规范要求，并通过轿厢架和对重架的上下运动模拟其在井道导轨上的运行并辅助检验导轨实际安装质量。

图 2-60　YL-771型电梯井道设施安装与调试实训考核装置外观图

（二）主要技术参数

1）井道尺寸：2000mm × 2000mm × 3000mm（长×宽×高）。

2）安全保护：缓冲器。

3）整机重量：≤1000kg。

4）外形尺寸：2240mm×2240mm×3000mm（长×宽×高）。

（三）可开设的主要实训项目（见表2-10）

表 2-10　YL-771型电梯井道设施安装与调试实训考核装置可开设的主要教学实训项目

序号	系统	实训项目
1	电梯的门系统	电梯层门地坎的安装与测量实训
2		电梯层门地坎与轿厢门地坎的测量实训
3	电梯的引导系统	电梯井道的放样与测量实训
4		电梯导轨支架与导轨的安装与测量实训
5	电梯的重量平衡系统	电梯对重块的安装实训
6		电梯对重架与导靴的安装实训
7		电梯对重护栏的安装与测量实训
8		电梯对重在导轨上的滑动测试实训

（续）

序号	系统	实训项目
9	电梯的轿厢系统	电梯轿厢架与导靴的安装实训
10		电梯轿厢的安装实训
11		电梯轿厢地坎的安装与测量实训
12		电梯轿厢在导轨上的滑动测试实训

项目总结

1）电梯作为特种设备，其维修保养工作是一项专业化程度很高的工作，对于作业人员的专业性和操作规范性要求非常严格，因此在作业时一定遵守相应的安全操作规程。在学习任务 1.2 介绍的进行维修保养作业前准备工作（包括放置警戒线、警示牌，穿戴好安全帽、安全带、电工绝缘鞋等）的基础上，学习任务 2.1 主要介绍机房基本操作、紧急救援、进出轿顶和进出底坑的基本操作步骤和规范，在完成学习任务 2.1 的 4 个子任务后，应熟悉这 4 个基本操作的操作步骤，掌握其操作规范，养成依规遵章安全规范操作的基本职业素养和操作习惯。

2）通过完成学习任务 2.2 的机房电气控制柜、安全保护电路和开关门电路电气故障维修 3 个子任务，使学习者对电梯电气控制系统的构成、各控制环节的工作原理有较清晰的概念，学会电梯常见电气故障的诊断与排除方法。

电气控制系统的故障相对比较复杂，而且现在的电梯都是微机控制的，软、硬件的问题往往相互交织。因此，排障时要坚持先易后难、先外后内，培养综合考虑、善于联想的工作思路。

电梯运行中比较多的故障是开关触点接触不良引起的故障，所以判断故障时应根据故障现象以及柜内指示灯显示的情况，先对外部电路、电源部分进行检查，例如，门触点、安全回路、各控制环节的工作电源是否正常等。

电梯控制逻辑主要是程序化逻辑，故障和原因正如结果与条件一样，是严格对应的。因此，只要熟知各控制环节电路的构成和作用，根据故障现象，"顺藤摸瓜"便能较快找到故障电路和故障点，然后按照规范和标准对故障进行排除。

3）通过完成学习任务 2.3 的电梯平层装置和开关门机构故障的诊断与排除 2 个子任务，学习电梯机械故障的诊断与排除方法。排除电梯机械系统的故障关键是诊断，要对故障的部位与原因做出准确的正确判断，就应对电梯的机械结构很熟悉，并善于掌握故障发生的规律，掌握正确的排障方法：

① 诊断与排除电梯的平层故障，首先应区分故障现象是个别楼层不平层还是全部楼层都不平层，对应采取不同的解决方法：个别楼层不平层一般应调整该层的遮光板，而全部楼层都不平层则应调整平层感应器。

② 开关门机构的故障是电梯机械系统较常见的故障。应熟悉层门和轿厢门装置的安装工艺要求及检验标准，如门扇（门套）的垂直度偏差应 ≤1/1000，门锁紧元件的最小啮合长度为 7mm。对其常见的故障应能根据故障现象准确判断故障部位，如层门关好后门缝呈

现"V"形，即门扇的垂直度偏差超标，则应懂得检查门滑轮或门扇连接螺栓等处。

思考与练习题

2-1　填空题

1. 在拉闸瞬间可能产生＿＿＿＿＿＿＿＿，一定要＿＿＿＿＿＿以免对人造成伤害。

2. 当轿厢超过最近的楼层平层位置＿＿＿＿＿m，须松闸盘车。

3. 进入轿顶时，首先切断轿厢顶上检修盒上的＿＿＿＿＿开关，使电梯无法运行，再将有关开关置于＿＿＿＿＿＿状态。

4. 进入底坑时，应先切断底坑＿＿＿＿＿开关，打开底坑＿＿＿＿＿。

5. 短接法是用于检测＿＿＿＿＿＿是否正常的一种方法。当发现故障点后，应立即拆除短接线，不允许用短接线代替开关或开关触点的接通。

6. 当电梯安全保护电路出现故障时，最好的检查方法是采用＿＿＿＿＿查找故障点。

7. 根据 GB/T 10058—2023《电梯技术条件》：电梯轿厢的平层准确度应在＿＿＿＿＿＿mm 范围内，平层保持精度应在＿＿＿＿＿＿mm 范围内。如果平层保持精度超出 ±20mm 范围，则应校正至＿＿＿＿＿ mm 范围内。

8. 电梯平层装置一般由＿＿＿＿＿＿＿和＿＿＿＿＿＿＿组成。

9. 层门锁钩、锁臂及触点动作应灵活，在电气安全装置动作之前，锁紧元件的最小啮合长度为＿＿＿＿＿＿mm。

10. 门刀与层门地坎、门锁滚轮与轿厢地坎间隙应为＿＿＿＿＿mm。

2-2　选择题

1. 欲进入轿顶施工维修，用紧急开锁的三角形钥匙打开层门，应先按下轿顶（　　　）开关后，才可以步入轿顶。

A. 照明　　　　　　　　B. 门机　　　　　　　　C. 停止

2. 欲进入底坑施工维修时，用紧急开锁的三角形钥匙打开最底层的层门，应先按下（　　　）开关后，才可以进入底坑。

A. 底坑照明　　　　　　B. 井道照明　　　　　　C. 底坑停止

3. 有人在轿厢顶作业，如需要移动轿厢时，必须保证电梯处于（　　　）。

A. 绝对静止状态　　　B. 检修运行状态　　　C. 基站位置

4. 在维保作业中同一井道及同一时间内，不允许有立体交叉作业，且不得多于（　　　）。

A. 一名操作人员　　　B. 两名操作人员　　　C. 三名操作人员

5. 在电梯轿顶维修时严禁（　　　）操作。

A. 一脚踏在轿顶上，另一脚踏在轿顶外井道的固定结构上

B. 双脚踏在固定结构上

C. 双脚踏在轿厢顶上

6. 电梯电气控制系统出现故障时，应首先确定故障出于哪一个（　　　），然后再确定故障出于此环节电路上的哪一个电气元器件的触点上。

A. 元件　　　　　　　　B. 系统　　　　　　　　C. 环节电路

7. 串联在安全保护电路上的各安全开关安装位置比较（　　　）。

A. 集中　　　　　　　　B. 可靠　　　　　　　　C. 分散

8. 安装在轿厢门上的（　　　）与安装在层门上的自动门锁啮合。

A. 门刀　　　　　　　　B. 门锁　　　　　　　　C. 门刀或系合装置

9. 层门未关，电梯却能运行的原因是（　　　）继电器触点粘死。

A. 运行　　　　　　　　B. 电压　　　　　　　　C. 门联锁

10. 选好层定了向并已关闭层门、轿门，电梯仍不能运行，其原因可能是层门自动门锁触点未能（　　　）。

A. 断开　　　　　　　　B. 接通　　　　　　　　C. 调好

11. 当电梯个别楼层不平层时，应该先调整（　　　）；当电梯全部楼层都不平层时，应该先调整（　　　）。

A. 遮光板　　　　　　　B. 平层感应器　　　　　C. 旋转编码器

12. 电梯轿厢在全部楼层停靠时轿门地坎都明显高于层门地坎，超出标准要求。

（1）故障原因可能是（　　　）。

A. 平层感应器上移位　　B. 平层感应器下移位　　C. 该层的遮光板（隔磁板）移位

（2）检修方法应是（　　　）。

① 测量出轿厢地坎与层门地坎的高度差并记录

② 按规范程序进入轿顶，将该楼层的遮光板（隔磁板）按测量的距离垂直往上调

③ 按规范程序进入轿顶，将该楼层的遮光板（隔磁板）按测量的距离垂直往下调

④ 按规范程序进入轿顶，将平层感应器按测量的距离垂直往上调

⑤ 按规范程序进入轿顶，将平层感应器按测量的距离垂直往下调

⑥ 完成调节后检查支架的水平度以及遮光板与平层感应器配合的尺寸是否均匀

⑦ 退出轿顶，恢复电梯的正常运行，验证电梯是否平层，如果还是不平层，再次调节直至完全平层，最后紧固支架固定螺栓

A. ①→②→⑥→⑦　　　B. ①→③→⑥→⑦　　　C. ①→④→⑥→⑦

2-3　判断题

1. 通电之后，机房电源箱必须挂牌上锁。（　　　）

2. 电梯出现故障困人时，应强行扒开轿门逃生，避免发生安全事故。（　　　）

3. 为在盘车时掌握轿厢的平层状况，曳引钢丝绳上应标注层楼平层标记。（　　　）

4. 为了便于紧急状态下的紧急操作，盘车时抱闸一经人工打开即应锁紧在开启状态，使得只需一人即可完成盘车操作。（　　　）

5. 电梯安装、维修及保养时，应在明显位置处设置施工警告牌。（　　　）

6. 当电梯控制柜的检修转换开关处于检修状态使电梯运行时，将轿顶检修转换开关扳到检修位置，电梯立即停止运行。（　　　）

7. 严禁站在井道外探身到轿顶上作业。（　　　）

8. 一般应使用梯子进入底坑，也可以踏着缓冲器进入底坑。（　　　）

9. 有维修人员在底坑工作时，如确实需要，可允许在机房、轿厢顶或井道其他位置同

时进行检修工作。（　　）

10. 在底坑工作时严禁吸烟。（　　）

11. 程序检查法就是维修人员模拟电梯的操作程序，观察各环节电路的信号输入和输出是否正常的一种检查方法。（　　）

12. 安全保护电路为并联电路。（　　）

13. 相序继电器安装在轿厢内。（　　）

14. 安全钳开关安装在机房控制柜内。（　　）

15. 开关门电动机安装于轿厢顶上。（　　）

16. 电梯开门过程的速度变化为：慢→快→更快→平稳→停止。（　　）

17. 电梯轿厢在 2 楼不平层，轿厢地坎低于层门地坎，调整的方法是：把 2 楼的遮光板往下调。（　　）

18. 电梯不平层故障只需调整平层感应器或遮光板的位置，而不需要或不考虑调整其他部件就可解决故障问题。（　　）

19. 电梯试运行时，各层层门必须设置防护栏。（　　）

2-4 学习记录与分析

1. 根据表 2-1~表 2-4 中记录的内容，小结电梯机房基本操作、紧急救援、进出轿顶和底坑操作的过程、步骤、要点和基本要求。

2. 根据图 2-33，分析电源配电环节故障，小结诊断与排除机房电气控制柜电源故障的步骤、过程、要点和基本要求。

3. 根据图 2-36 和图 2-38，分析安全保护电路故障，小结诊断与排除安全保护电路故障的步骤、过程、要点和基本要求。

4. 分析开关门电路故障，小结诊断与排除开关门电路故障的步骤、过程、要点和基本要求。

5. 小结诊断与排除电梯平层装置故障的过程、步骤、要点和基本要求。

6. 小结诊断与排除电梯层门、轿厢门机械故障的过程、步骤、要点和基本要求。

2-5 试叙述对本项目与实训操作的认识、收获与体会

项目 3   电梯的维护保养

项目目标

本项目介绍直梯的维护保养（扶梯的维护保养见"项目 4"）。通过本项目的学习，使学生熟悉电梯维护保养的有关规定，掌握电梯维护保养（特别是半月保养）的基本操作。

学习任务 3.1   电梯的半月维护保养

任务目标

核心知识

1. 熟悉电梯维护保养的有关规定。
2. 掌握电梯半月维护保养的内容和要求。

核心能力

熟练掌握电梯半月维护保养的操作步骤与方法。

任务分析

电梯的半月维护保养共 31 个项目，应严格按照《电梯维护保养规则》的要求完成。

知识准备

一、电梯的维护保养规则

根据 TSG T5002—2017《电梯维护保养规则》（以下简称《规则》）的规定：电梯的维保项目分为半月、季度、半年、年度等四类，其维护保养的基本项目（内容）和要求分别见《规则》中"附件 A   曳引与强制驱动电梯维护保养项目（内容）和要求"的表 A-1~表 A-4。维保单位应当依据其要求，按照安装使用维护说明书的规定，根据所保养电梯使用的特点，制订合理的维保计划与方案，对电梯进行清洁、润滑、检查、调整，更换不符合要求的易损件，使电梯达到安全要求，保证电梯能够正常运行。

二、电梯的半月维护保养

电梯属于特种设备，根据《中华人民共和国特种设备安全法》第三十九条规定：特种设备使用单位应当对其使用的特种设备进行经常性维护保养和定期自行检查，并做出记录。

电梯的维护保养是指由维保单位向用户提供的合作与援助。由于电梯对安全性能要求很高，一旦由于电梯自身的问题而发生事故，厂家或维保单位必须承担责任。因此必须通过日常的保养时刻确保设备的安全使用。所以说，在用电梯的正常运行，定期进行维护保养是必需的前提条件。

如上所述，电梯的维护保养分为半月、季度、半年和年度维护保养4种，其中半月维护保养是电梯进行维护保养的基础项目。

（一）机房半月维护保养的内容与要求

机房、滑轮间环境

1. 机房、滑轮间环境

1）清除机房内与电梯无关的杂物，特别是易燃、易爆物。

2）清扫机房地面的尘埃及油污（见图3-1）。

3）检查机房的温度和照明亮度是否符合要求。

2. 手动紧急操作装置

1）检查盘车手轮和盘车扳手是否齐全。

手动紧急操作装置

图3-1　清洁机房

2）检查盘车手轮和盘车扳手是否安放在指定位置。

3. 驱动主机

驱动主机

1）电动机应保持清洁，防止水和油污浸入电动机内部。可用风筒吹干净电动机内部和连接线、引出线的灰尘。

2）注意检查驱动主电动机运转时的声音和温度。电动机在运转时应无大的噪声，如发现有异常声响要及时停机检查，如图3-2所示。

a)听　　　　　　　　　　　　　b)摸

图3-2　检查驱动主电动机的声音和温度

4. 制动器各销轴部位

制动器各销轴部位

1）检查制动器动作是否灵活可靠，电磁衔铁在行程内是否转动灵活。应保持制动轮和闸瓦制动带表面清洁，无划痕、高温焦化颗粒和油污。

2）检查制动器电磁线圈接头有无松动，线圈的绝缘是否良好。

5. 制动器间隙

1）测量制动器的间隙，如图3-3所示。制动器在制动时两侧闸瓦应紧密均匀地贴合在制动轮的工作表面上；松闸时两侧闸瓦应同步离开制动轮工作表面，且其间隙应不大于 0.7mm。

2）检查制动器电磁铁铁心在吸合时有无撞击声，工作是否正常。

6. 制动器

1）用人工方式检测制动力，应符合生产厂家规定的使用维护说明书要求。

2）制动器自监测系统应有记录。

7. 编码器

清洁编码器，查看是否有油污，安装是否固定，如图 3-4 所示。

制动器自监测

制动器间隙

编码器

图 3-3　测量制动器间隙

图 3-4　清洁编码器

8. 限速器各销轴部位

1）检查限速器运转是否灵活可靠（见图 3-5），限速器运转时声音应当轻微而且均匀，绳轮运转应没有时松时紧的现象。一般检查方法是：先在机房耳听、眼看，若发现限速器有误动作、打点或其他异常声音，则说明该限速器有问题，应及时进行检查，找出故障原因；如需要维修或调整时，修复后应进行测试，不可修复的应更换同规格和型号的限速器，并需前往主管部门办理相关手续方可进行维修、调整和更换工作。

图 3-5　检查限速器

限速器各销轴部位

2）检查限速器旋转部位的润滑情况是否良好。

3）检查限速器上的绳轮有无裂纹，检查绳槽磨损情况。

9. 层门和轿厢门旁路装置

1）正常运行情况下，检查连接插头是否可靠地将层门门锁回路、轿厢门门锁回路连接。

2）紧急电动运行情况下，能手动短接层门门锁回路或者轿厢门门锁回路。

10. 紧急电动运行

1）在机房拨动紧急电动开关，查看电梯是否处于紧急电动状态。

层门和轿门旁路装置

紧急电动运行

2）紧急电动状态下运行电梯，查看电梯是否按照指令运行。

（二）轿厢与导向系统半月维护保养的内容与要求

1. 轿顶、轿顶检修开关、停止装置

1）将电梯置于检修状态，进入轿顶进行清洁，检查轿顶护栏是否牢固。

2）检查轿顶停止装置和轿顶检修开关标记是否齐全、功能是否有效。

2. 导靴上油杯

1）查看油杯表面和导靴及导轨面上是否有污物、灰尘并清理。

2）检查油杯中的油量（见图3-6）。油杯中油量如果少于总油量的三分之一，则需要加注专用的导轨润滑油。加油后，操纵电梯全程运行一次，观察导轨的润滑情况。

3）检查油杯毛毡是否完好无缺损，导油情况是否良好。

图 3-6　检查油杯中的油量

3. 轿厢内的显示、照明、通风、检修、报警等装置

检修盒在电梯轿厢内操纵屏的下部，检修盒有专门的钥匙，平常是锁上的，只有管理维护人员或电梯司机在对电梯进行检修维护时才能打开。检修盒内有轿厢照明开关和风扇开关。

1）检查轿厢内的照明与通风装置。

① 检查轿厢内照明装置灯是否损坏，轿内地板照明度应在 50lx 以上。

② 确保轿厢内通风装置能正常启动，送风量大小合适；通风孔无堵塞。

③ 确保应急照明装置正常，在停电后能保证应急照明至少能持续 1h。

2）检查轿厢检修盒内的检修开关、停止装置。

3）检查报警装置、对讲装置。操作面板全部按钮应标记清晰、功能正常、清洁无污迹。

4）检查轿内显示、指令按钮、IC卡系统。

① 进入轿厢，查看内呼面板显示是否正常，如图3-7所示。

② 操作内呼面板各按钮，观察电梯状态是否符合按钮功能。

③ 检查电梯是否能检测到 IC 卡信息，进而运行电梯。

（三）门系统半月维护保养的内容与要求

1. 轿厢门防撞击保护装置

1）检查安全触板（或光电保护器、光幕，见图3-8）是否反应灵敏，动作可靠；安全触板的冲击力应小于 5N。

2）定期在各杠杆铰接部位用薄油润滑一次，当销轴磨有曲槽时必须更换。

3）调整微动开关触点，在正常情况下，应使开关触点与触板端部螺栓头刚好接触，在弹簧的作用下，处于准备动作状态，只要触板摆动，触点便立即动作。为此可旋进或旋出螺栓，使螺栓头部与开关触点保持接触。

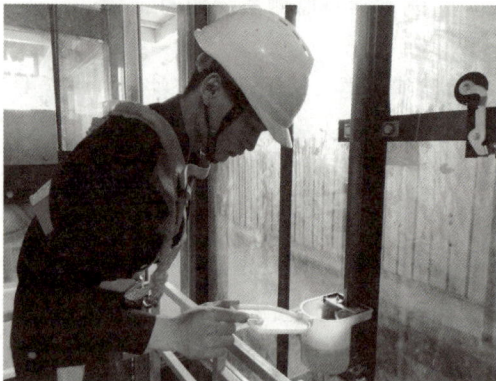

轿顶

轿顶检修开关、停止装置

油杯

轿厢内显示、指令按钮、IC卡系统

轿厢照明、风扇、应急照明

轿厢检修开关、停止开关

轿内报警装置、对讲系统、警示装置

轿门安全装置

项目 3 电梯的维护保养 **97**

图 3-7 检查轿厢内呼面板

图 3-8 检查安全触板

2. 轿厢门门锁电气触点

检查轿厢门门锁电气触点，应清洁，触点接触良好，接线可靠。

3. 轿厢门运行

1）检查轿厢门门板有无变形、划伤、撞蹭、下坠及掉漆等现象。

2）检查轿厢门扇在运行时是否平稳，有无跳动现象。

3）检查门导轨有无松动，门导靴（滑块）在门坎槽内运行是否灵活，两者的间隙是否过大或过小；保持清洁并加油润滑；门导靴磨损严重的应更换。

4）检查轿厢门门刀上的紧固螺栓有无松动变位，门刀与层门有关构件之间的间隙是否符合要求。

4. 层站召唤、层楼显示

1）逐层观察外呼面板显示是否正常，如图 3-9 所示。

2）检查外呼面板上呼梯和下呼梯按钮是否正常。

5. 层门地坎

清洁并检查层门地坎，应无影响正常使用的变形，各安装螺栓应紧固。

图 3-9 检查各层站外呼面板

6. 层门自动关门装置

1）检查层门上的联动机构，如滑轮有无磨损、卡死，传动钢丝绳有无松弛等。

2）检查自动关门装置是否具备足够的自闭力。

7. 层门门锁自动复位

用层门钥匙打开层门，释放后层门可以自动闭合并锁紧。

8. 层门门锁电气触点

检查层门门锁电气触点（见图 3-10），应清洁，触点接触良好，接线可靠，其触点间触碰超行程 2~4mm。

9. 层门锁紧元件啮合长度

检查层门的门锁，应灵活可靠，在层门关闭上锁后，必须保证不能从外面开启，啮合长度必须超过 7mm。检查的方法是：两人在轿顶，一人操作检修运行控制装置慢上或慢下，每到达各层层门门锁时停止运行，一人用直尺测量门锁最底端和挡块最高点的距离，若超过 7mm 则为合格；如达不到要求则需及时修理或更换。

（四）井道、底坑半月维护保养的内容与要求

1. 井道照明

1）打开井道照明开关，如图 3-11 所示。

图 3-10　检查层门门锁电气触点　　　　图 3-11　打开井道照明开关

2）将电梯开至最高层，进入轿顶，以检修状态逐层向下运行，查看照明灯是否正常。

2. 底坑环境

1）进入底坑进行清扫，保证无积水、无杂物，如图 3-12 所示。

2）检查底坑照明是否正常。

图 3-12　清扫底坑

层门锁紧元件啮合长度

井道照明

底坑环境

3. 底坑停止装置

进入底坑，将电梯检修下行，分别按下底坑的上急停开关和下急停开关，查看电梯是否停止运行，如图 3-13 所示。

底坑急停开关

a) 验证上急停开关　　　　　　　　　　b) 验证下急停开关

图 3-13　验证上、下急停开关

对重块及其压板

4. 对重/平衡重块及其压板

1）检查固定平衡重块框架的紧固件是否牢固（见图 3-14）。

2）检查对重滑动导靴的紧固情况及滑动导靴的间隙是否符合规定要求。

3）对重架上装有安全钳的，应对安全钳装置进行检查，传动部分应保持动作灵活可靠，并定期加润滑油。

（五）平层装置半月维护保养的内容与要求

电梯的平层装置和平层准确度的要求见"学习任务 2.3.1"，对平层装置的要求是：当电梯平层时，遮光板与平层感应器的基准线在同一条直线上，也就是遮光板正好插在感应器的中间，以使轿厢地板与该层的地面相平齐。当遮光板与平层感应器之间间隙不均匀时，应进行调整。

图 3-14　检查对重架

轿厢平层精度

任务实施

步骤一：学习准备

1）指导教师对学生进行分组，并进行安全与操作规范的教育。

2）检查需使用的教学设备（如 YL-777 型教学电梯），准备好所需的工具和器材。

3）按照"学习任务 1.2"的规范要求做好维修保养前的准备工作，并设置安全防护栏及安全警示标志（可参见图 1-31、图 1-32）。

4）向相关人员（如管理人员、乘用人员）询问电梯的使用情况。

步骤二：半月维护保养操作

1）将轿厢运行到基站。

2）到机房将检修转换开关打到检修状态，并挂上警示牌。

3）按照 TSG T5002—2017《电梯维修保养规则》"曳引与强制驱动电梯维护保养项目（内容）和要求"中的"半月维护保养项目（内容）和要求"（见《规则》中的表 A-1），分别按表中所列的 31 个项目进行电梯的半月维护保养工作。

4）完成维保工作后，将检修转换开关复位，并收好警示牌。

注：因为是教学实训，所以必须完成表中所列全部项目；在进行 31 个半月保养项目时，一般可按轿厢内→机房→轿顶→层门→井道→底坑的顺序操作（下同）。

步骤三：填写半月维护保养记录单

维保工作结束后，维保人员应填写维护保养记录单，见表 3-1。

表 3-1　电梯半月维护保养记录单

序号	维护保养项目（内容）	维护保养基本要求	完成情况	备注
1	机房、滑轮间环境	清洁，门窗完好，照明正常		
2	手动紧急操作装置	齐全，在指定位置		
3	驱动主机	运行时无异常振动和异常声响		
4	制动器各销轴部位	动作灵活		
5	制动器间隙	打开时制动衬与制动轮不应发生摩擦，间隙值符合制造单位要求		
6	制动器作为轿厢意外移动保护装置制停子系统时的自监测	制动力人工方式检测符合使用维护说明书要求；制动力自监测系统有记录		
7	编码器	清洁，安装牢固		
8	限速器各销轴部位	润滑，转动灵活；电气开关正常		
9	层门和轿厢门旁路装置	工作正常		
10	紧急电动运行	工作正常		
11	轿顶	清洁，防护栏安全可靠		
12	轿顶检修开关、停止装置	工作正常		
13	导靴上油杯	吸油毛毡齐全，油量适宜，油杯无泄漏		
14	对重/平衡重块及其压板	对重/平衡重块无松动，压板紧固		
15	井道照明	齐全，正常		
16	轿厢照明、风扇、应急照明	工作正常		
17	轿厢检修开关、停止装置	工作正常		
18	轿内报警装置、对讲系统	工作正常		
19	轿内显示、指令按钮、IC 卡系统	齐全，有效		
20	轿门防撞击保护装置（安全触板，光幕、光电等）	功能有效		
21	轿厢门门锁电气触点	清洁，触点接触良好，接线可靠		
22	轿厢门运行	开启和关闭工作正常		
23	轿厢平层准确度	符合标准值		

（续）

序号	维护保养项目（内容）	维护保养基本要求	完成情况	备注
24	层站召唤、层楼显示	齐全，有效		
25	层门地坎	清洁		
26	层门自动关门装置	正常		
27	层门门锁自动复位	用层门钥匙打开手动开锁装置释放后，层门门锁能自动复位		
28	层门门锁电气触点	清洁，触点接触良好，接线可靠		
29	层门锁紧元件啮合长度	不小于 7mm		
30	底坑环境	清洁，无渗水、积水，照明正常		
31	底坑停止装置	工作正常		

维修保养人员： 日期： 年 月 日

使用单位意见：

使用单位安全管理人员： 日期： 年 月 日

注：完成情况（如完好打√，有问题打×，如有维修在备注栏说明）。

评价反馈

根据学习任务完成情况先进行自我评价，然后进行小组互评，最后由教师评价，评价结果记录于表 3-2 中。

表 3-2　学习任务 3.1 评价表

评价内容	配分	评分标准	自评	互评	教师评
1. 安全意识	10分	1. 不按要求穿着工作服、戴安全帽、穿防滑电工鞋（扣1~2分） 2. 在轿顶操作未系好安全带（扣1分） 3. 不按要求进行带电或断电作业（扣1~2分） 4. 在电梯底坑有人时移动轿厢或进入轿顶（扣1分） 5. 不按安全操作规范使用工具（扣1~2分） 6. 其他的违反安全操作规范的行为（扣1~2分）			
2. 维护保养操作	60分	1. 维护保养前工具选择不正确（扣10分） 2. 维护保养操作不规范（扣5~30分） 3. 维护保养工作未完成（每项扣10分） 4. 维护保养记录单填写不正确、不完整（每项扣3~5分）			
3. 维护保养记录	20分	根据表 3-1 的记录是否正确和详细给分			
4. 职业规范和环境保护	10分	1. 在工作过程中，工具和器材摆放凌乱（扣1~2分） 2. 不爱护设备、工具，不节省材料（扣1~2分） 3. 在工作完成后不清理现场，工作中产生的废弃物不按规定处置（各扣2分，若将废弃物遗弃在井道内的可扣4分）			
合　计					

总评分 = 自评分×30% + 互评分×30% + 教师评分×40%

学习任务 3.2　电梯的季度维护保养

任务目标

核心知识

1. 熟悉电梯维护保养的有关规定。

2. 掌握电梯季度维护保养的内容和要求。

核心能力

熟练掌握电梯季度维保的操作步骤与方法。

任务分析

电梯的季度维护保养共 13 个项目，应严格按照《电梯维护保养规则》的要求完成。

知识准备

电梯的季度维护保养

电梯的季度维护保养是指电梯每使用 3 个月需要进行的一项较为综合的维护保养。电梯的季度维护保养项目是在半月维护保养项目的基础上，增加了《规则》中的表 A-2 所列的 13 项维护保养内容。

1. 减速机润滑油

1）断开机房主电源开关，清洁减速机。

2）观察减速机润滑油的油量是否适宜，对于有油针或者油位镜的，油位应在刻度范围内，必要时添加齿轮油。

3）检查减速机各部位漏油情况，除蜗杆伸出端外，如有渗漏油现象应查找原因并及时排除。

4）检查轴承润滑情况，必要时进行润滑。

5）添加齿轮油和润滑轴承时必须满足制造厂家对油品和周期的要求。

2. 制动衬

1）断开机房主电源开关。

2）检查制动衬及制动轮表面，必要时拆下制动臂进行清洁。

3）测量制动衬磨损量，如磨损量超过制造厂家的规定，应按制造厂家技术要求及方法进行更换。

3. 编码器

检查编码器转动是否正常、无异响，工作是否正常。

4. 选层器动静触点

1）断开机房主电源开关，清洁选层器。

2）检查选层器及各部件固定和连接情况。

3）检查并清洁动静触点表面。

4）检查并适当润滑动触点活动部位。

5）检查触点电气接线，确认连接可靠无松动。

5. 曳引轮槽、悬挂装置

1）断开机房主电源开关。

2）检查曳引轮槽及钢丝绳有无油污，油污严重应清洗。

3）调整钢丝绳张力至满足要求。

① 在轿顶操作检修运行控制装置，使电梯检修运行至适当位置，以便于检查测量为宜，切断电梯驱动主机电源。

② 逐根测量钢丝绳张力：用测力计将各钢丝绳拉至同一距离位置，分别读取各钢丝绳张力读数，计算出各钢丝绳的平均张力值。

③ 将各钢丝绳张力读数与平均值相比较，将其差值除以平均读数后，数值均应在 5% 之内，如数值大于 5%，应调整该钢丝绳绳头装置的弹簧压紧螺母，使张力满足要求。

④ 检查钢丝绳断丝和曳引轮磨损情况，必要时应及时更换。

6. 限速器轮槽、限速器钢丝绳

1）断开机房主电源开关。

2）检查限速器轮槽内是否有油腻，油腻严重的，先固定住限速器钢丝绳张紧轮，卸下限速器钢丝绳后用溶剂（如煤油等）清洗。

3）合上机房主电源开关，在机房检修运行电梯，检查限速器钢丝绳表面有无油腻，油腻严重的，用溶剂（如煤油等）清洗。

4）检查轮槽磨损、钢丝绳断丝和磨损情况。

7. 靴衬、滚轮

1）将电梯置于检修状态，在轿顶清洁并检查轿顶导靴或滚轮架，在底坑检查轿底导靴或滚轮架。

2）用塞尺测量靴衬与导轨之间的间隙，参照制造厂家的要求，间隙过大时更换靴衬。

3）用卷尺或钢直尺测量滚轮的外径，参照制造厂家的要求，磨损量过大时或者有变形、老化、破损等现象时更换滚轮。

8. 验证轿厢门关闭的电气安全装置

1）打开轿厢门，验证轿厢门关闭的电气安全装置应能断开电梯门锁回路，电梯应不能运行。

2）轿厢门关闭时防扒门装置应工作到位，轿厢不在平层位置时，从轿厢里应无法打开轿厢门。

9. 层门、轿厢门系统中传动钢丝绳、链条、传动带

1）将轿厢停于合适位置，打开层门并使用顶门器保持住，按下急停开关和断开门机电源，检查并清洁轿门传动系统，如图 3-15a 所示。

2）进入轿顶，检修运行电梯，检查并清洁层门传动系统，如图 3-15b 所示。

3）底层端站层门传动系统的检查和清洁，宜在轿厢内进行。

4）对层门、轿厢门系统中的活动部件如有需要可进行适当润滑。

10. 层门门导靴

1）进入轿顶，检修运行电梯开至便于维修人员操作的位置，然后按下急停开关，切断

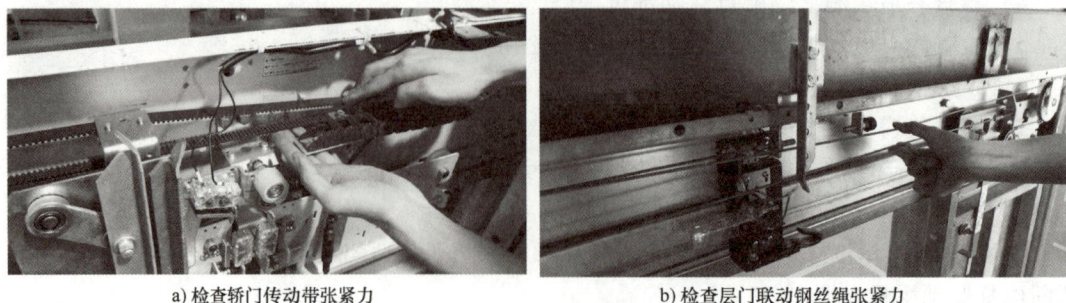

a) 检查轿门传动带张紧力   b) 检查层门联动钢丝绳张紧力

图 3-15 检查电梯门的传动系统

控制电源。

2）检查门导靴固定情况。

3）手动打开层门，清洁门导靴和地坎槽，检查有无异常磨损和杂物，门导靴如磨损超过制造厂家的规定要求时应更换。

11. 消防开关

1）电梯消防装置面板应标记清晰，功能正常，清洁无污迹。

2）电梯消防开关应完好，功能正常，清洁无积尘。

3）微机主控板消防显示应正常。

4）消防状态时，观察电梯是否自动返回基站并开门。

12. 耗能缓冲器

1）进入底坑，按下急停开关，检查并清洁缓冲器。

2）打开油口检查油量，必要时按制造厂家的技术要求添加液压油。

3）检查电气安全装置与动作机构的安装情况，必要时进行调整。

4）检查缓冲器柱塞表面有无锈蚀，如有锈蚀应用细砂纸除锈，然后在表面涂上润滑脂（如黄油等）防锈。

5）由另一维保人员检修向上运行电梯，运行中人为动作缓冲器电气安全装置，电梯应立即停止，同时不能重新起动。

13. 限速器张紧轮装置和电气安全装置

1）电梯检修运行，目测限速器张紧轮装置，工作应灵活可靠，运行时无异响，运行不顺畅时应添加张紧轮转动部件及轴承润滑油。

2）断开底坑张紧轮断绳开关应能断开电梯电气安全回路，电梯应不能运行。

任务实施

步骤一：学习准备

1）指导教师对学生进行分组，并进行安全与操作规范的教育。

2）检查需使用的教学设备（如 YL-777 型教学电梯），准备好所需的工具和器材。

3）按照"学习任务 1.2"的规范要求做好维修保养前的准备工作，并设置安全防护栏及安全警示标志（可参见图 1-31、图 1-32）。

4）向相关人员（如管理人员、乘用人员）询问电梯的使用情况。

步骤二：季度维护保养操作

1）将轿厢运行到基站。

2）到机房将检修转换开关打到检修状态，并挂上警示牌。

3）按照 TSG T5002—2017《电梯维护保养规则》"曳引与强制驱动电梯维护保养项目（内容）和要求"中的"季度维护保养项目（内容）和要求"（见《规则》中的表 A-2），分别按表中所列的 13 个项目进行电梯的季度维护保养工作。

4）完成维保工作后，将检修转换开关复位，并收好警示牌。

步骤三：填写季度维护保养记录单

维保工作结束后，维保人员应填写维护保养记录单，见表 3-3。

表 3-3　电梯季度维护保养记录单

序号	维护保养项目（内容）	维护保养基本要求	完成情况	备注
1	减速机润滑油	油量适宜，除蜗杆伸出端外均无渗漏		
2	制动衬	清洁，磨损量不超过制造单位要求		
3	编码器	工作正常		
4	选层器动静触点	清洁，无烧蚀		
5	曳引轮槽、悬挂装置	清洁，钢丝绳无严重油腻，张力均匀，符合制造单位要求		
6	限速器轮槽、限速器钢丝绳	清洁，无严重油腻		
7	靴衬、滚轮	清洁，磨损量不超过制造单位要求		
8	验证轿厢门关闭的电气安全装置	工作正常		
9	层门、轿厢门系统中传动钢丝绳、链条、传动带	按照制造单位要求进行清洁、调整		
10	层门门导靴	磨损量不超过制造单位要求		
11	消防开关	工作正常，功能有效		
12	耗能缓冲器	电气安全装置功能有效，油量适宜，柱塞无锈蚀		
13	限速器张紧轮装置和电气安全装置	工作正常		

维修保养人员：　　　　　　　　　　　　　　　　　　日期：　　年　　月　　日

使用单位意见：

使用单位安全管理人员：　　　　　　　　　　　　　　日期：　　年　　月　　日

注：完成情况（如完好打√，有问题打×，如有维修在备注栏说明）。

评价反馈

根据学习任务完成情况先进行自我评价，然后进行小组互评，最后由教师评价，评价结果记录于表 3-4 中。

表 3-4　学习任务 3.2 评价表

评价内容	配分	评分标准	自评	互评	教师评
1. 安全意识	10 分	1. 不按要求穿着工作服、戴安全帽、穿防滑电工鞋(扣 1~2 分) 2. 在轿顶操作未系好安全带(扣 1 分) 3. 不按要求进行带电或断电作业(扣 1~2 分) 4. 在电梯底坑有人时移动轿厢或进入轿顶(扣 1 分) 5. 不按安全操作规范使用工具(扣 1~2 分) 6. 其他的违反安全操作规范的行为(扣 1~2 分)			
2. 维护保养操作	60 分	1. 维护保养前工具选择不正确(扣 10 分) 2. 维护保养操作不规范(扣 5~30 分) 3. 维护保养工作未完成(每项扣 10 分) 4. 维护保养记录单填写不正确、不完整(每项扣 3~5 分)			
3. 维护保养记录	20 分	根据表 3-3 的记录是否正确和详细给分			
4. 职业规范和环境保护	10 分	1. 在工作过程中,工具和器材摆放凌乱(扣 1~2 分) 2. 不爱护设备、工具,不节省材料(扣 1~2 分) 3. 在工作完成后不清理现场,工作中产生的废弃物不按规定处置(各扣 2 分,若将废弃物遗弃在井道内的可扣 4 分)			
合　计					

总评分 = 自评分×30%+互评分×30%+教师评分×40%

学习任务 3.3　电梯的半年维护保养

任务目标

核心知识

1. 熟悉电梯维护保养的有关规定。

2. 掌握电梯半年维护保养的内容和要求。

核心能力

熟练掌握电梯半年维护保养的操作步骤与方法。

任务分析

电梯的半年维护保养共 15 个项目,应严格按照《电梯维护保养规则》的要求完成。

知识准备

电梯的半年维护保养

电梯的半年维修保养是指电梯每使用半年需要进行的一项综合的维修保养。电梯的半年维护保养项目是在季度维护保养项目的基础上,增加了《规则》中的表 A-3 所列的 15 项维护保养内容。

1. 电动机与减速机联轴器

断开机房主电源开关,用扳手检查曳引机与减速机联轴器上的各连接螺栓和卡簧是否锁紧,观察联轴器运转情况,应无松动、无撞击声,如图 3-16 所示。

2. 驱动轮、导向轮轴承部

1) 电梯正常运行时，在机房观察曳引轮和导向轮的工作状况，应无异响、无振动。

2) 断开机房主电源开关，拆除曳引轮防护罩，按制造厂家要求对轴承加注润滑脂，如图 3-17 所示。

3) 清洁轴承及周围的油污。

图 3-16　检查电动机与减速机联轴器连接螺栓

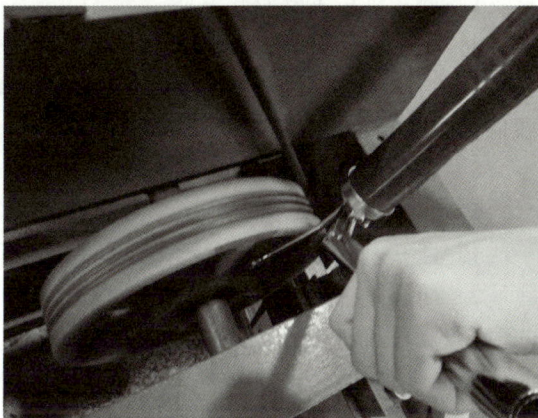

图 3-17　向导向轮注入润滑脂

3. 曳引绳槽

1) 将电梯停在中间楼层，断开电梯主电源开关，拆除曳引轮防护罩，检查曳引轮上和地面上有无磨损的金属粉末。

2) 使用游标卡尺分别测量主钢丝绳直径（见图 3-18a）、曳引绳槽深度（见图 3-18b）和曳引钢丝绳凸出曳引绳槽的高度（见图 3-18c），将钢丝绳直径减去凸出部分，就可测量出钢丝绳在曳引绳槽的下沉量，检查曳引绳槽磨损量是否超过制造单位的技术要求，如超过规定，应进行维修或者更换同规格的曳引轮。

a) 测量钢丝绳直径　　　b) 测量曳引绳槽深度　　　c) 测量曳引钢丝绳在曳引绳槽上凸出的高度

图 3-18　检查曳引绳槽磨损量

3) 重新安装好曳引轮防护罩。

4. 制动器动作状态监测装置

1) 制动器动作时查看制动器开关是否动作，如图 3-19 所示。

2）查看微机板获得反馈信号时对应输入信号指示灯是否点亮以表示获得反馈信号。以 YL-777 型电梯为例，当制动器动作时，微机板上 X22 灯亮，微机板收到抱闸反馈信号。

3）清洁制动器检测开关。

5. 控制柜内各接线端子

1）断开机房主电源开关。

2）检查清洁控制柜内各接线端子，观察线号是否齐全、清晰，如有缺失或模糊不清的，应参照制造单位提供的电气布线图或者电气原理图重新标注。

3）检查控制柜内各接线端子的连接情况是否完好。

图 3-19　查看制动器开关

6. 控制柜各仪表

1）断开电梯主电源开关，清洁并检查各仪表固定和接线连接情况。

2）闭合电梯主电源开关，在电梯正常运行或检修运行时观察控制柜内各仪表工作是否正常，显示是否正确，如图 3-20 所示。

7. 绳头组合

1）断开驱动主电源开关。

2）清洁曳引钢丝绳各绳头装置，如果绳头在轿顶或对重上，应进入轿顶后在合适位置进行。

3）检查绳头装置各部件是否齐全，如有缺失或破损，应更换或维修，如图 3-21 所示。

图 3-20　检查控制柜仪表

图 3-21　检查曳引钢丝绳绳头组合

4）检查所有绳头连接情况，双螺母应紧固无松动，开口销应齐全。

8. 井道、对重、轿顶各反绳轮轴承部

1）断开驱动主电源，拆除轿顶反绳轮的防护装置，检查轴承固定情况。

2）按制造厂家要求对轿顶轮和对重轮的轴承加注润滑油，如图 3-22 所示。

3）恢复驱动主电源，以检修速度运行电梯，观察轿顶轮、对重轮工作是否正常，有无异常噪声和振动；如有异常声响或振动，应根据制造厂家的技术要求进行调整或维修。

9. 悬挂装置、补偿绳和限速器钢丝绳

1）悬挂装置、补偿绳的导向轮要注意保持清洁，确保运行流畅。

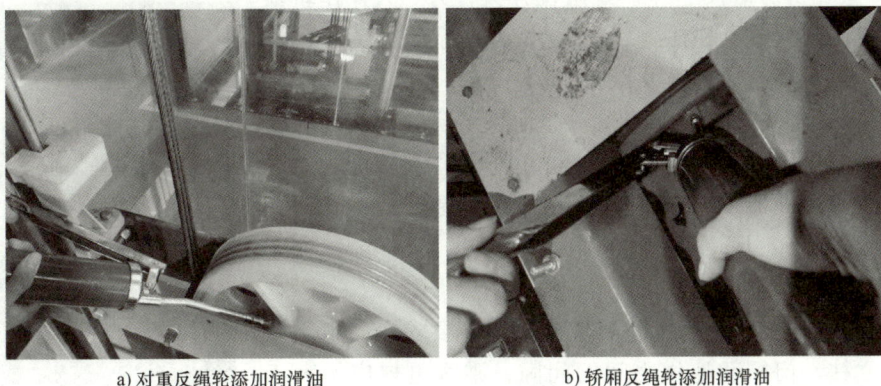

a) 对重反绳轮添加润滑油　　　　　　　　b) 轿厢反绳轮添加润滑油

图 3-22　添加润滑油

2）绳头连接应牢固无松动。

3）对底坑张紧装置进行调整，使补偿绳有一定的张紧力，其张紧力大小以钢丝绳不松弛为宜，以避免补偿绳产生扭转或打结。

4）检查补偿绳（链）尾端与轿厢底和对重底的连接是否牢固，紧固螺栓有无松脱，夹紧有无移位等。

5）检查限速器钢丝绳和绳套有无断丝、折曲、扭曲和压痕。其检查方法是：在开动电梯慢速在井道内运行的全程中，在机房中仔细观察限速器钢丝绳。当发现问题时，如属于还可以使用的范围，必须做好记录，并用油漆做好标记，作为今后重点检查的位置；若钢丝绳和绳套必须更换时，应立即停梯更换，不可再用。

10. 对重缓冲距离

1）电梯在顶层端站平层时，对重底部撞板与缓冲器顶面间应有足够的距离；耗能型缓冲器为 150~400mm，蓄能型缓冲器为 200~350mm。

2）测量对重与缓冲器距离（见图 3-23），当距离小于以上规定时，可以把对重架下面的调整垫卸下或者截短曳引钢丝绳。

11. 补偿链（绳）与轿厢、对重接合处

1）按规定进入轿顶和底坑。

2）补偿链（绳）与轿厢接合处的检查：一人检修运行电梯至行程底部合适位置，切断驱动主电源，另一人在底坑检查补偿链（绳）与轿底接合处的固定情况。

3）补偿链（绳）与对重接合处的检查：在轿顶检修运行电梯至行程中部合适位置，切断驱动主电源，检查补偿链（绳）与对重接合处的固定情况。

图 3-23　测量对重与缓冲器距离

12. 上、下极限开关

1）上端站检查时，以检修速度运行电梯至顶部端站；下端站检查时要进入底坑检查。

2）清洁上（下）极限开关表面灰尘，检查开关并紧固其接线，如图 3-24 所示。

3）一人在机房短接上（下）限位开关，另一人操作轿顶检修运行控制装置使电梯往上（下）点动运行至上（下）极限开关动作，观察电梯是否可靠制停。

4）打开顶部端站层门，测量轿厢地坎与层门地坎之间距离，此距离应小于对重缓冲距离。也可以在进入底坑后，观察对重撞板与缓冲器顶面是否接触，必要时调整上（下）极限开关位置。

13. 层门、轿厢门门扇

1）层门、轿厢门门扇各间隙应满足以下要求：门扇之间及层门与立柱、门楣和地坎之间的间隙，乘客电梯应不大于6mm；载货电梯应不大于8mm，使用过程中由于磨损，允许达到10mm。

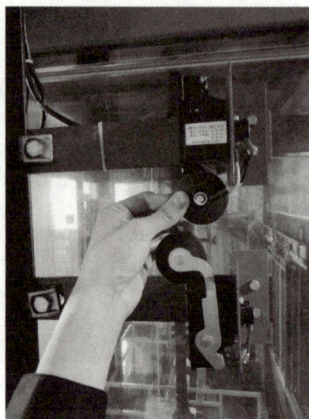

图3-24 检查上、下极限开关

2）检查门扇外观是否清洁，有无影响正常使用的变形。

3）测量层门与门楣间隙、层门与立柱间隙、层门与地坎间隙、两个门扇间隙和层门受力开启的最大间隙，如图3-25所示。

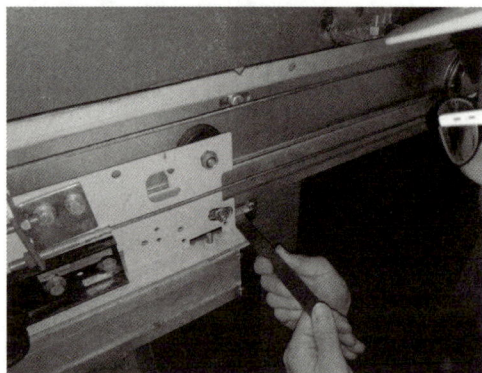

a) 测量层门与门楣间隙

b) 测量层门与立柱间隙

c) 测量层门与地坎间隙

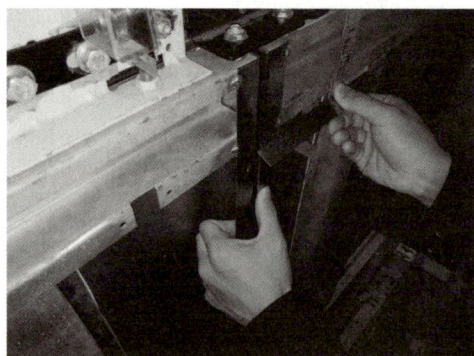

d) 测量两个门扇间隙

图3-25 层门的测量

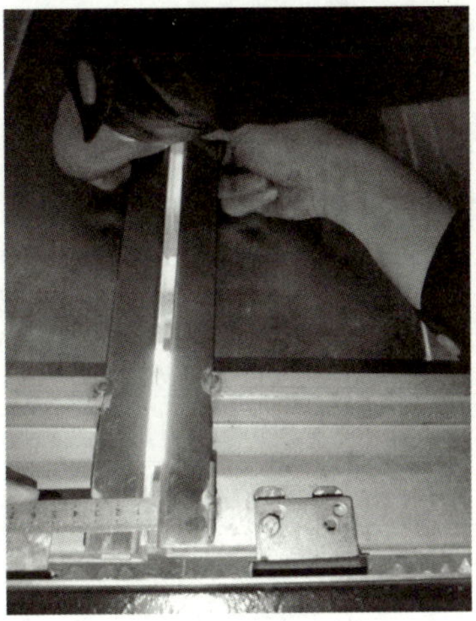

e) 测量层门受力开启的最大间隙

图 3-25　层门的测量（续）

14. 轿厢门开门限制装置

1）轿厢门开门限制装置是为了防止在开锁区域外从轿厢内扒开轿厢门自救的保护装置。在轿厢门开门限制装置施加 1000N 的力时，轿厢门开启宽度不能超过 50mm。

2）当轿厢门关闭时，轿厢门开门限制装置的电气触点需超过接触行程 2~4mm。

3）检查轿厢门开门限制装置工作是否正常。

任务实施

步骤一：学习准备

1）指导教师对学生进行分组，并进行安全与操作规范的教育。

2）检查需使用的教学设备（如 YL-777 型教学电梯），准备好所需的工具和器材。

3）按照"学习任务 1.2"的规范要求做好维修保养前的准备工作，并设置安全防护栏及安全警示标志（可参见图 1-31、图 1-32）。

4）向相关人员（如管理人员、乘用人员）询问电梯的使用情况。

步骤二：半年保养操作

1）将轿厢运行到基站。

2）到机房将检修转换开关打到检修状态，并挂上警示牌。

3）按照 TSG T5002—2017《电梯维护保养规则》"曳引与强制驱动电梯维护保养项目（内容）和要求"中的"半年维护保养项目（内容）和要求"（见《规则》中的表 A-3），分别按表中所列的 15 个项目进行电梯的半年维护保养工作。

4）完成维护保养工作后，将检修转换开关复位，并收好警示牌。

步骤三：填写半年维护保养记录单

维护保养工作结束后，维护保养人员应填写维护保养记录单，见表 3-5。

表 3-5　电梯半年维护保养记录单

序号	维护保养项目(内容)	维护保养基本要求	完成情况	备注
1	电动机与减速机联轴器	连接无松动,弹性元件外观良好,无老化等现象		
2	驱动轮、导向轮轴承部	无异常声响,无振动,润滑良好		
3	曳引轮槽	磨损量不超过制造单位要求		
4	制动器动作状态监测装置	工作正常,制动器动作可靠		
5	控制柜内各接线端子	各接线紧固、整齐,线号齐全清晰		
6	控制柜各仪表	显示正常		
7	绳头组合	螺母无松动		
8	井道、对重、轿顶各反绳轮轴承部	无异常声响,无振动,润滑良好		
9	悬挂装置、补偿绳	磨损量、断丝数不超过要求		
10	限速器钢丝绳	磨损量、断丝数不超过制造单位要求		
11	对重缓冲距离	符合标准值		
12	补偿链(绳)与轿厢、对重接合处	固定,无松动		
13	上、下极限开关	工作正常		
14	层门、轿厢门门扇	门扇各相关间隙符合标准值		
15	轿厢门开门限制装置	工作正常		

维修保养人员:　　　　　　　　　　　　　　　　　　　日期:　　年　　月　　日

使用单位意见:

使用单位安全管理人员:　　　　　　　　　　　　　　日期:　　年　　月　　日

注:完成情况(如完好打√,有问题打×,如有维修在备注栏说明)。

评价反馈

　　根据学习任务完成情况先进行自我评价,然后进行小组互评,最后由教师评价,评价结果记录于表 3-6 中。

表 3-6　学习任务 3.3 评价表

评价内容	配分	评分标准	自评	互评	教师评
1. 安全意识	10 分	1. 不按要求穿着工作服、戴安全帽、穿防滑电工鞋(扣 1~2 分) 2. 在轿顶操作未系好安全带(扣 1 分) 3. 不按要求进行带电或断电作业(扣 1~2 分) 4. 在电梯底坑有人时移动轿厢或进入轿顶(扣 1 分) 5. 不按安全操作规范使用工具(扣 1~2 分) 6. 其他的违反安全操作规范的行为(扣 1~2 分)			

（续）

评价内容	配分	评 分 标 准	自评	互评	教师评
2. 维护保养操作	60 分	1. 维护保养前工具选择不正确（扣 10 分） 2. 维护保养操作不规范（扣 5~30 分） 3. 维护保养工作未完成（每项扣 10 分） 4. 维护保养记录单填写不正确、不完整（每项扣 3~5 分）			
3. 维护保养记录	20 分	根据表 3-5 的记录是否正确和详细给分			
4. 职业规范和环境保护	10 分	1. 在工作过程中，工具和器材摆放凌乱（扣 1~2 分） 2. 不爱护设备、工具，不节省材料（扣 1~2 分） 3. 在工作完成后不清理现场，工作中产生的废弃物不按规定处置（各扣 2 分，若将废弃物遗弃在井道内的可扣 4 分）			
合　　计					

总评分 = 自评分×30% + 互评分×30% + 教师评分×40%

学习任务 3.4　电梯的年度维护保养

任务目标

核心知识

1. 熟悉电梯维护保养的有关规定。

2. 掌握电梯年度维护保养的内容和要求。

核心能力

熟练掌握电梯年度维护保养的操作步骤与方法。

任务分析

电梯的年度维护保养共 17 个项目，应严格按照《电梯维护保养规则》的要求完成。

知识准备

电梯的年度维护保养

电梯的年度维护保养是指电梯每使用一年需要进行的一项综合的维护保养。电梯的年度维护保养项目是在半年维护保养项目的基础上，增加了《规则》中的表 A-4 所列的 17 项维护保养内容。

1. 减速机润滑油

1）应更换相同规格的润滑油，绝不允许两种以上的油混合使用。

2）按照厂家要求根据电梯的使用时间来确定是否更换润滑油；对新安装的电梯，在半年内应检查减速机内的润滑油，如发现油内有杂质，应更换新油。

3）打开减速机注油孔端盖，检查润滑油油质；润滑油的加入要适量，过多会引起发热，并使油质快速变质，不能使用，如图 3-26 所示。

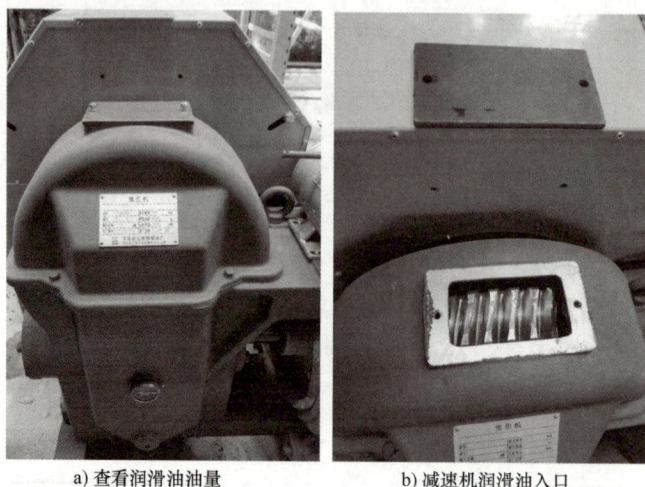

a) 查看润滑油油量　　　　　　　b) 减速机润滑油入口

图 3-26　检查减速机润滑油

4）换油时先把减速机清洗干净，在加油口放置过滤网，经滤网过滤再注入，以保持油的清洁度。

2. 控制柜接触器、继电器触点

1）断开机房主电源开关。

2）检查和清洁控制柜内各继电器、接触器，检查继电器、接触器接线连接情况。

3）如继电器、接触器工作噪声比较大或者有明显异常时，应拆开继电器、接触器触点的罩壳，用合适的砂纸对继电器、接触器触点进行打磨，如触点表面烧蚀严重则应更换。

3. 制动器铁芯（柱塞）

1）将电梯置于检修运行状态，向上检修运行至无法起动，短接上限位开关、上极限开关和对重缓冲器开关（如有），操作检修运行控制装置使轿厢继续往上运行，直至对重完全压在缓冲器上，轿厢不能继续提升为止。

2）断开机房主电源开关。

3）拆开制动器，将制动器铁芯（见图 3-27）取出并清洁。

4）检查制动器铁芯的磨损量，如果制动器上的可动销轴磨损量超过原直径的 5% 或椭圆度超过 0.5mm 时，应更换新轴。

5）对满足使用条件的制动器铁芯，按制造厂家要求及方法对制动器铁芯表面等进行保养。

6）重新装配制动器，合上主电源开关，操作控制柜检修运行控制装置使电梯点动往下运行，调整制动器间隙，确认制动效果。

7）待轿厢上的打板离开极限开关后拆除所有短接线，恢复电梯正常运行。

图 3-27　制动器铁芯

4. 制动器制动能力

1）调试电梯，使电梯进入制动力测试状态。

2）以 YL-777 型电梯为例：在门锁闭合情况下使电梯进入检修状态，用操作面板进入 F8-19 功能，查看参数是否为 16384；进而进入 F3-22 功能，将 bit2 功能设置为 1，微机板显示 Err88 代码，此时曳引机发出啸叫声，自动检测制动力。若制动力正常，系统自动清除 Err88 状态，如图 3-28 所示。

5. 导电回路绝缘性能测试

1）查看控制柜有无出现导线破损现象。

2）以 YL-777 型电梯为例：将控制柜微机板插头全部拔出，将绝缘电阻表平放地面，负端夹住主地线，正端分别测量 R、S、T、NF1/1、NF2/1、NF3/1、NF4/1、701、702、703、704、501、502、503，读出绝缘电阻表读数并记录，测出的阻值应不小于 0.5MΩ，如图 3-29 所示。

图 3-28　使用操作面板进行制动力测试

图 3-29　用绝缘电阻表测量绝缘电阻

6. 限速器安全钳联动试验

1）通常是将电梯轿厢停在底层的上一层位置。

2）以 YL-777 型电梯为例：首先将紧急电动继电器 JDD 拔出，人为动作限速器机械装置，电梯检修下行，限速器电气安全装置动作，电梯无法运行。

3）接着短接限速器电气安全装置，继续检修下行，此时限速器钢丝绳应能提拉安全钳，并使安全钳的电气安全装置动作，电梯无法运行。

4）最后再短接安全钳的电气安全装置，继续检修下行，安全钳应能夹紧导轨使轿厢制停，电梯驱动主机继续运转直至钢丝绳打滑或驱动主机出现保护为止。

5）在机房控制轿厢检修上行，安全钳自动复位，拆除短接线，复位安全钳限速器开关，使电梯恢复正常运行状态。

7. 上行超速保护装置动作试验

1）轿厢使用双向安全钳做上行超速保护。

① 一人进入轿顶，使轿厢从行程下部检修往上运行，另一人在机房人为动作限速器开关，观察电梯是否立即停止运行，否则应维修或更换该开关。

② 短接限速器开关和安全钳开关，机房维保人员人为使限速器机械动作，轿顶维保人员操作检修运行控制装置使电梯继续往上运行，观察轿厢是否能继续运行，安全钳开关能否

动作。如轿厢能继续运行，应检查安全钳联动机构及楔块动作是否灵活，做相应调整或维修；如安全钳开关不能可靠动作，应调整开关位置，减小开关与挡块之间的间隙，保证安全钳开关可靠动作。

③ 轿顶维保人员操作轿顶检修运行控制装置使轿厢往下运行，观察安全钳能否自动复位，如不能自动复位应先检查安全钳楔块与导轨表面之间有无杂物，再检查安全钳联动机构及楔块动作是否灵活，根据检查情况做相应调整、清洗或维修。

④ 复位限速器机械动作部件、限速器开关和安全钳开关，如有必要，修复安全动作处的导轨表面。

2）使用夹绳器作上行超速保护。

① 一人进入轿顶，使轿厢从行程下部检修往上运行，另一人在机房人为动作夹绳器电气安全开关，观察电梯应立即停止运行，否则应维修或更换该开关。

② 短接夹绳器电气安全开关，机房维保人员人为使夹绳器机械动作，轿顶维保人员操作检修运行控制装置使电梯继续往上运行，观察夹绳器动作情况，必要时根据制造厂家的技术要求进行调整或维修。

③ 复位夹绳器电气安全开关和机械动作部件，观察曳引钢丝绳表面有无损伤。

3）采用曳引轮作为制动器制动轮的，应根据制造厂家提供的技术文件和试验方法进行试验。

4）检查和清洁上行超速保护装置，活动部件应灵活可靠。

8. 轿厢意外移动保护装置动作试验

1）检查轿厢意外移动保护装置接线是否正常。

2）以 YL-777 型电梯为例：在门锁闭合情况下使电梯进入检修状态，用操作面板进入 F8-19 功能，查看参数是否为 16384；进而进入 F3-22 功能，将 bit1 功能设置为 1，微机板显示 Err88 代码（见图 3-30a）；然后拔出 UCMP（轿厢意外移动保护装置）插头（见图 3-30b），检修运行电梯，系统检测电梯意外移动，微机板出现 Err65 代码，电梯停止运行。

a) 使用操作面板进行测试　　　　b) 拔出UCMP插头

图 3-30　轿厢意外移动保护装置动作试验

9. 轿顶、轿厢架、轿厢门及其附件的安装螺栓

1）检查轿顶、上梁、立柱、门机、安全钳联动机构、轿顶接线盒、感应器等部件的固定螺栓是否紧固，如有松动，应进行紧固。

2）查看轿厢各个连接处螺栓是否有松动现象，若有则进行修复。

3）操作轿顶检修运行控制装置，将轿厢停在方便维修轿厢门的位置，打开层门，检查轿厢门、门刀、安全触板、光幕等部件的固定螺栓是否紧固，如有松动，应进行紧固。固定轿厢门门扇如图 3-31 所示。

10. 轿厢和对重/平衡重的导轨支架

1）检查轿厢导轨支架是否出现裂纹、变形、移位等，如发现应及时处理。

2）检查导轨支架焊接或紧固情况，若发现支架焊接不牢，已脱焊，应及时重新补焊；同时对紧固螺母进行检查，有问题时应随手紧固好，固定导轨螺栓如图 3-32 所示。

3）检查导轨支架的水平度是否超差，支架有无严重的锈蚀情况。

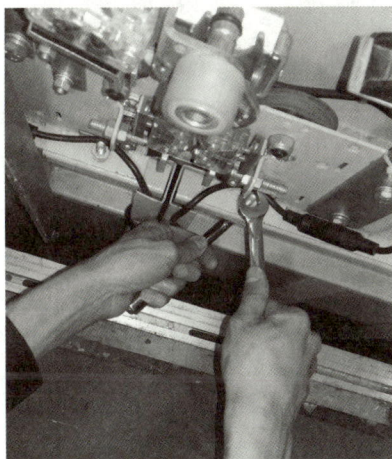

图 3-31　固定轿厢门门扇

图 3-32　固定导轨螺栓

11. 轿厢和对重/平衡重的导轨

1）进入轿顶，检修运行电梯井道全程。观察导轨表面，若发现导轨面不清洁，应用煤油擦净导轨面上的脏污，并清洗干净导靴靴衬；若润滑不良，应定期向油杯内注入同规格的润滑油，保证油量油质，并适当调整油毡的伸出量，保证导轨面有足够的润滑油。

2）若发现导轨位移、松动现象，应先检查导轨连接板、导轨压板等处的螺栓是否有松动现象，如有应及时加固。有时因导轨支架松动或开焊也会造成导轨位移，此时根据具体情况，进行紧固或补焊。

12. 安全钳钳座

1）安全钳安装在轿厢下部的，应在底坑检查安全钳钳座，一人在轿顶操作检修运行控制装置使轿厢往下运行，将轿厢停在合适位置并按下急停开关。

2）另一人先操作底坑急停开关，然后检查并紧固安全钳钳座固定螺栓。

3）安全钳安装在轿厢上部的，应在轿顶检查安全钳钳座，将轿厢停在适当位置并切断驱动主电源，检查并紧固钳座固定螺栓。

4）安全钳钳座内油污严重的，应拆下清洗（见图 3-33）。

5）重新装配安全钳钳座后，应按制造厂家的技术要求和方法调整制动钳块间隙，并进行试验以确认安全钳制动性能。

13. 轿底各安装螺栓

1）一人在轿顶操作检修运行控制装置使轿厢下行，将轿厢停在下端站适合底坑维保人员操作的位置。

2）另一人在底坑检查轿厢下梁、横梁、补偿链（绳）、随行电缆等部件的固定螺栓是否有松动，如有松动应用扳手进行紧固，固定轿底直梁螺栓如图3-34所示。

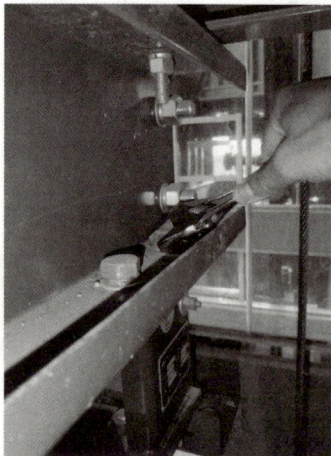

图 3-33　清洗安全钳钳座

图 3-34　固定轿底直梁螺栓

14. 随行电缆

1）进入轿顶，全程检修运行，在轿顶或底坑清洁并观察随行电缆与其他装置之间的距离。

2）轿厢在底层平层时，检查电缆最低点与底坑地面之间距离是否应大于缓冲器压缩行程与缓冲距的总和，如图3-35所示。

a) 随行电缆固定处

b) 随行电缆与轿厢底部连接处

图 3-35　检查随行电缆

15. 轿厢称量装置

1）在轿厢内加入重块，当重块的重量为轿厢载重量的 80% 时，电梯应显示满载信号；当重块的重量为轿厢载重量的 110% 时，电梯应显示超载信号并发出警报，电梯不能关门运行。

2）当载重量不满足要求时，应重新调整称量装置。

16. 缓冲器

1）进入底坑，按下急停开关。

2）检查缓冲器的固定情况（见图 3-36），以及锈蚀、变形情况和防尘防锈措施。

a) 固定轿厢缓冲器螺栓　　　　　　　　　　　b) 检查对重缓冲器

图 3-36　检查轿厢缓冲器和对重缓冲器

3）测量耗能型缓冲器的复位时间。

① 将限位开关、极限开关短接，以检修速度下降空载轿厢，将缓冲器压缩，观察电气安全装置动作情况。

② 将限位开关、极限开关和相关的电气安全装置短接，以检修速度下降空载轿厢，将缓冲器完全压缩，测量从轿厢开始提起到缓冲器回复原状的时间。

17. 层门装置和地坎

1）进入轿顶，检修运行电梯至适当位置，按下急停开关。

2）检查和清洁层门各部位（见图 3-37a），如层门装置有影响正常使用的变形，应及时

 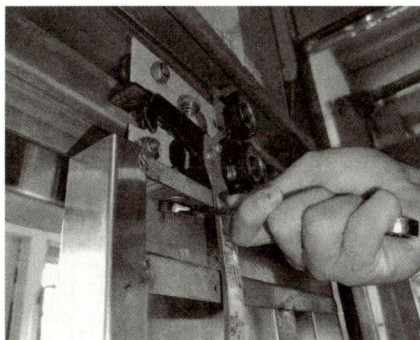

a) 清扫门地坎　　　　　　　　　　　　　　b) 固定门扇

图 3-37　检查层门装置和地坎

调整，无法调整的应予更换。

3）检查层门装置上各螺栓固定情况（见图 3-37b），必要时润滑活动部件。

4）检查各层门地坎固定情况。

5）检查各层门地坎的磨损和变形情况，必要时及时调整或更换。

任务实施

步骤一：学习准备

1）指导教师对学生进行分组，并进行安全与操作规范的教育。

2）检查需使用的教学设备（如 YL-777 型教学电梯），准备好所需的工具和器材。

3）按照"学习任务 1.2"的规范要求做好维修保养前的准备工作，并设置安全防护栏及安全警示标志（可参见图 1-31、图 1-32）。

4）向相关人员（如管理人员、乘用人员）询问电梯的使用情况。

步骤二：年度维护保养操作

1）将轿厢运行到基站。

2）到机房将检修转换开关打到检修状态，并挂上警示牌。

3）按照 TSG T5002—2017《电梯维护保养规则》"曳引与强制驱动电梯维护保养项目（内容）和要求"中的"年度维护保养项目（内容）和要求"（见《规则》中的表 A-4），分别按表中所列的 17 个项目进行电梯的年度维护保养工作。

4）完成维护保养工作后，将检修转换开关复位，并收好警示牌。

步骤三：填写年度维护保养记录单

维护保养工作结束后，维护保养人员应填写维护保养记录单，见表 3-7。

表 3-7　电梯年度维护保养记录单

序号	维护保养项目（内容）	维护保养基本要求	完成情况	备注
1	减速机润滑油	按照制造单位要求适时更换，保证油质符合要求		
2	控制柜接触器、继电器触点	接触良好		
3	制动器铁芯（柱塞）	进行清洁、润滑、检查，磨损量不超过制造单位要求		
4	制动器制动能力	符合制造单位要求，保持有足够的制动力，必要时进行轿厢装载 125% 额定载重量的制动试验		
5	导电回路绝缘性能测试	符合标准		
6	限速器安全钳联动试验（对于使用年限不超过 15 年的限速器，每 2 年进行一次限速器动作速度校验；对于使用年限超过 15 年的限速器，每年进行一次限速器动作速度校验）	工作正常		
7	上行超速保护装置动作试验	工作正常		
8	轿厢意外移动保护装置动作试验	工作正常		

（续）

序号	维护保养项目（内容）	维护保养基本要求	完成情况	备注
9	轿顶、轿厢架、轿厢门及其附件安装螺栓	紧固		
10	轿厢和对重/平衡重的导轨支架	固定,无松动		
11	轿厢和对重/平衡重的导轨	清洁,压板牢固		
12	随行电缆	无损伤		
13	层门装置和地坎	无影响正常使用的变形,各安装螺栓紧固		
14	轿厢称量装置	准确有效		
15	安全钳钳座	固定,无松动		
16	轿底各安装螺栓	紧固		
17	缓冲器	固定,无松动		

维修保养人员：　　　　　　　　　　　　　　　　　　　　日期：　　年　　月　　日

使用单位意见：

使用单位安全管理人员：　　　　　　　　　　　　　　　　日期：　　年　　月　　日

注：完成情况（如完好打√，有问题打×，如有维修在备注栏说明）。

评价反馈

根据学习任务完成情况先进行自我评价，然后进行小组互评，最后由教师评价，评价结果记录于表 3-8 中。

表 3-8　学习任务 3.4 评价表

评价内容	配分	评分标准	自评	互评	教师评
1. 安全意识	10 分	1. 不按要求穿着工作服、戴安全帽、穿防滑电工鞋(扣 1~2 分) 2. 在轿顶操作未系好安全带(扣 1 分) 3. 不按要求进行带电或断电作业(扣 1~2 分) 4. 在电梯底坑有人时移动轿厢或进入轿顶(扣 1 分) 5. 不按安全操作规范使用工具(扣 1~2 分) 6. 其他的违反安全操作规范的行为(扣 1~2 分)			
2. 维护保养操作	60 分	1. 维护保养前工具选择不正确(扣 10 分) 2. 维护保养操作不规范(扣 5~30 分) 3. 维护保养工作未完成(每项扣 10 分) 4. 维护保养记录单填写不正确、不完整(每项扣 3~5 分)			
3. 维护保养记录	20 分	根据表 3-7 的记录是否正确和详细给分			
4. 职业规范和环境保护	10 分	1. 在工作过程中,工具和器材摆放凌乱(扣 1~2 分) 2. 不爱护设备、工具,不节省材料(扣 1~2 分) 3. 在工作完成后不清理现场,工作中产生的废弃物不按规定处置(各扣 2 分,若将废弃物遗弃在井道内的可扣 4 分)			
合　　计					

总评分 = 自评分×30%＋互评分×30%＋教师评分×40%

🔑 **相关链接**

YL-772 型电梯门机构安装与调试实训考核装置简介

（一）产品概述

YL-772 型电梯门机构安装与调试实训考核装置是 YL-777 型电梯的配套设备之一，如图
3-38 所示。该装置是根据电梯门机构的安装、调试
和维修保养教学要求而开发的电梯实训教学模块，
适合于各类职业院校和技工院校电梯类专业，以及
建筑设备、楼宇智能化专业和机电类专业教学，以
及职业资格鉴定中心和培训考核机构教学使用。

本装置采用真实的电梯门机构器件，包括层
门、层门地坎、层门机构、轿厢架、轿厢门、轿厢
门地坎、轿厢门机构等器件，以及与真实井道尺寸
相当的钢构井道，使轿厢门机构与层门地坎的安装
与实际一致。同时，采用了手动葫芦拖动轿厢架和
对重架在导轨上的运动，使演示与调试更加方便。
学习者借助电梯门机构安装图在模拟井道及楼层中
对这些器件进行安装与测量，使其符合规范要求，
并通过轿厢架的上下运动模拟轿厢在井道中的运
行，当轿厢平层和离开楼层时，门机构能够带动轿
厢门与层门开启与关闭。使学习者能够直观地看到
门机构的全部器件及整个机械动作过程，更有效地
帮助学习者掌握其工作原理。

图 3-38　YL-772 型电梯门机构安装与
调试实训考核装置外观图

（二）主要技术参数

1）电源输入：单相三线，AC220V，50Hz。

2）工作环境：温度−10~40℃；湿度<95%RH，无水珠凝结；海拔<1000m；环境空气
中不应含有腐蚀性和易燃性气体。

3）门机：永磁同步变频门机。

4）门机电动机额定电压：AC 100V/125V。

5）门机电动机额定转速：180r/min。

6）门机电动机额定功率：43W/94W。

7）开门宽度：800mm。

8）门高度：1000mm。

9）轿门材料：表面喷塑碳素钢板（可选）。

10）层门材料：不锈钢板（可选）。

11）整机功耗：≤0.5kW。

12）整机重量：≤600kg。

13）外形尺寸：长×宽×高 = 2240mm×1640mm×3000mm。

14）安装场地要求：长×宽×高 ≥3.5m×2.5m×3m。

（三）结构和功能特点

本装置采用目前主流的永磁同步变频门机，其门机变频控制器具有良好的无级调速变频性能，且具有体积小，运行高效、可靠，操作简单，机械振动小等特点；层门上坎、层地坎、轿厢门地坎、门锁、门刀等部件全部采用真实部件，设备配置摆臂式异步门刀，轿厢门可加装防扒门锁装置；让学习者了解电梯门系统的结构与工作原理，使学到的与实际应用的一致。根据 TSG Z6001—2019《特种设备作业人员考核规则》的考点相关要求，设备采用钢结构电梯井道平台教学模块化设计，整体外观简洁明了；将门系统独立于整个电梯结构，更适用于教学实训；对层轿厢门门扇的高度进行缩小设计，从操作、空间、安全、指导与监管等方面将更具实用性及安全性，更方便学习者进行安装、维保项目的操作；设备的轿厢门机构与电动葫芦连接，可实现上下升降，更贴近实际电梯门系统的特征，更具实训的可操作性。另外还可进行同步电动机转角自学习、门宽自学习、自动开关门演示等实训操作。

因本装置独立于整个电梯结构，可上下升降的轿厢门机构设有上下限位保护装置，使轿厢门机构不会冲出行程之外。门机变频控制器还具有故障报警及自动保护功能。

（四）可开设的主要实训项目（见表 3-9）

表 3-9　YL-772 型电梯门机构安装与调试实训考核装置可开设的主要教学实训项目

序号	系　统	实训项目
1		导轨支架与导轨的安装与调整实训
2		电梯层门地坎的安装与调整实训
3		电梯轿厢门地坎的安装与调整实训
4		电梯层门门框的安装与调整实训
5		电梯层门上坎的安装与调整实训
6		电梯层门门扇的安装与调整实训
7	电梯的轿厢与门系统	门机的安装与调整实训
8		电梯轿厢门的安装与调整实训
9		门刀的安装与调试实训
10		电梯层门地坎与轿厢门地坎尺寸的调整实训
11		电梯门机参数的设置与调试实训
12		电梯开关门的调试实训
13		电梯门系统的保养实训

项目总结

本项目是电梯维护保养的内容，分别介绍了电梯半月、季度、半年和年度维护保养的项目（内容）、基本要求和保养操作方法。

按照 TSG T5002—2017《电梯维护保养规则》规定：电梯的维护保养项目分为半月、季度、半年、年度等四类（分别见《规则》中的表A-1～表A-4）。维护保养单位应当依据各附件的要求，按照安装使用维护说明书的规定，并且根据所保养电梯使用的特点，制定合理的维护保养计划与方案，对电梯进行清洁、润滑、检查、调整，更换不符合要求的易损件，使电梯达到安全要求，保证电梯能够正常运行。现场维护保养时，如果发现电梯存在的问题需要通过增加维护保养项目（内容）才能解决的，维护保养单位应当相应增加并且及时修订维护保养计划与方案。当通过维护保养或者自行检查，发现电梯仅依据合同规定的维护保养内容已经不能保证安全运行，需要改造、修理（包括更换零部件）、更新电梯时，维护保养单位应当书面告知使用单位。

思考与练习题

3-1　填空题

1. 根据TSG T5002—2017《电梯维护保养规则》的规定：电梯的维护保养项目分为_____、_____、_____和_____等四类。

2. 曳引电动机每相绕组之间和每相绕组对地的绝缘电阻应不低于____MΩ。

3. 当发现减速机内蜗轮与蜗杆啮合齿侧间隙超过____mm，或轮齿磨损量达到原齿厚的____%时，应予更换。

4. 制动器在松闸时两侧闸瓦应同步离开制动轮工作表面，且其间隙应不大于____mm。

5. 检查制动器电磁线圈接头有无松动，线圈的绝缘是否良好；用温度计测量电磁线圈的温升应不超过____℃，最高温度不高于____℃。

6. 对重下端与对重缓冲器顶端的距离，如果是弹簧缓冲器应为_____mm，如果是液压缓冲器应为_____mm。

7. 轿门关闭后的门缝隙应不大于____mm。

8. 限速器钢丝绳轮的不垂直度应不大于____mm。

9. 安全钳楔块面与导轨侧面间隙应为____mm，且两侧间隙应较均匀，安全钳动作应灵活可靠。

10. 所谓"五方通话装置"是指安装在_____、_____、_____、_____和_____地方的对讲机。

3-2　选择题

1. 现场维保时，如果发现电梯存在的问题需要通过增加维保项目（内容）予以解决的，维保单位应当（　　）。

A. 相应增加并且及时修订维保计划与方案

B. 口头告知使用单位

C. 书面告知使用单位

2. 曳引电动机的轴承应（　　）加油一次。

A. 每半月　　　　　　　B. 每季度　　　　　　　C. 每半年

3. 减速机、电动机和曳引轮轴承等处应润滑良好，油温应不超过（　　）℃。

A. 65　　　　　　　B. 75　　　　　　　C. 85

4. 电梯运行时，制动器闸瓦与制动轮的间隙应（　　　）。

A. >0.7mm　　　　B. <0.7mm　　　　C. >7mm

5. 按照 TSG T5002—2017《电梯维护保养规则》，制动器应符合制造单位要求，保持有足够的制动力，必要时进行轿厢装载（　　　）%额定载重量的制动试验。

A. 100　　　　　　B. 115　　　　　　C. 125

6. 轿顶轮和对重轮的轴承应（　　　）加油一次。

A. 每半月　　　　　B. 每季度　　　　　C. 每半年

7. 平层感应器和隔磁板（遮光板）安装应平正、垂直。隔磁板（遮光板）插入感应器时两侧间隙应尽量一致，其偏差最大不得大于（　　　）mm。

A. 1　　　　　　　B. 2　　　　　　　C. 3

8. 在层门关闭上锁后，层门门锁的啮合长度必须超过（　　　）mm。

A. 5　　　　　　　B. 6　　　　　　　C. 7

9. 当轿门关闭时，轿门开门限制装置的电气触点需超过接触行程（　　　）mm。

A. 2~3　　　　　　B. 3~4　　　　　　C. 2~4

10. 当靴衬工作面磨损超过（　　　）mm 以上时，应更换新靴衬。

A. 1　　　　　　　B. 2　　　　　　　C. 4

11. 缓冲器的中心线应与轿厢或对重上的碰板中心对正，允许偏差为（　　　）mm。

A. 10　　　　　　　B. 20　　　　　　　C. 30

12. 两个相邻安装的缓冲器其高度相差应不大于（　　　）mm。

A. 1　　　　　　　B. 2　　　　　　　C. 3

13. 按照 TSG T5002—2017《电梯维护保养规则》，曳引与强制驱动电梯年度维护保养应进行限速器安全钳联动试验：对于使用年限不超过（　　　）年的限速器，每 2 年进行一次限速器动作速度校验；对于使用年限超过（　　　）年的限速器，每年进行一次限速器动作速度校验。

A. 5　　　　　　　B. 10　　　　　　　C. 15

3-3　判断题

1. 减速机允许两种以上的机油混合使用。（　　　）
2. 减速机的蜗轮与蜗杆在更换时要成对更换。（　　　）
3. 应定期给制动器的制动闸瓦和制动轮加润滑油。（　　　）
4. 曳引钢丝绳出现少量断丝仍可继续使用。（　　　）
5. 在层门关闭上锁后，必须保证不能从外面开启。（　　　）
6. 轿厢不在平层位置时，从轿厢里应无法打开轿厢门。（　　　）
7. 打开轿厢门时电梯应不能运行。（　　　）
8. 如果门锁开关损坏，可以将门锁开关触点短接来使电梯暂时运行。（　　　）
9. 油杯是安装在导靴上给导轨和导靴润滑的自动润滑装置。（　　　）
10. 轿厢被安全钳制停时不应产生过大的冲击力，同时也不能产生太长的滑行。（　　　）

3-4　学习记录与分析

1. 分析表 3-1 中记录的内容，小结学习电梯半月维护保养操作的主要收获与体会。
2. 分析表 3-3 中记录的内容，小结学习电梯季度维护保养操作的主要收获与体会。
3. 分析表 3-5 中记录的内容，小结学习电梯半年维护保养操作的主要收获与体会。
4. 分析表 3-7 中记录的内容，小结学习电梯年度维护保养操作的主要收获与体会。

3-5　试叙述对本项目与实训操作的认识、收获与体会

项目 4 自 动 扶 梯

📖 **项目目标**

了解自动扶梯的基本结构和运行原理；熟悉自动扶梯的安全使用、运行管理与维护保养。

学习任务 4.1 自动扶梯的结构与运行

任务目标

核心知识

掌握自动扶梯基本结构和运行原理。

核心能力

了解自动扶梯各主要部件的作用（功能）及安装位置。

任务分析

通过本任务的学习，掌握自动扶梯的基本结构和运行原理，熟悉自动扶梯安全保护系统。

知识准备

一、自动扶梯和自动人行道概述

按照 GB/T 7024—2008《电梯、自动扶梯、自动人行道术语》，自动扶梯是指带有循环运行梯级，用于向上或向下倾斜输送乘客的固定电力驱动设备。自动人行道是指带有循环运行（板式或带式）走道，用于水平或倾斜角不大于 12°输送乘客的固定电力驱动设备。因为自动扶梯和自动人行道是连续运行的，所以在人流较密集的公共场所（如机场、车站、商场等）被大量使用。

1. 自动扶梯和自动人行道的分类

（1）自动扶梯的分类

自动扶梯可以按载荷能力及使用场所、安装位置、机房位置、倾斜角度以及护栏种类等进行分类。例如，按载荷能力及使用场所可分为普通型、公共交通型和重载型自动扶梯；按安装位置可分为室内和室外自动扶梯；按机房位置可分为机房上置、机房下置、机房外置和中间驱动式自动扶梯；按倾斜角度分类可分为 27.3°、30°和 35° 3 种自动扶梯，其中前两种的使用最为广泛。

（2）自动人行道的分类

自动人行道可以按结构、使用场所、安装位置和倾斜角度进行分类。例如，按结构可分为踏板式和胶带式两种自动人行道，其中以踏板式较为常见；按使用场所可分为普通型和公交型自动人行道；与自动扶梯类似，按安装位置可分为室内和室外自动人行道；按倾斜角度可分为水平型（倾斜角为 0°~6°）和倾斜型（倾斜角为 6°~12°）两种自动人行道。

2. 自动扶梯和自动人行道的主要参数

自动扶梯和自动人行道的主要参数有提升高度、倾斜角、名义宽度、速度、最大输送能力和水平移动距离等，如图 4-1 所示。

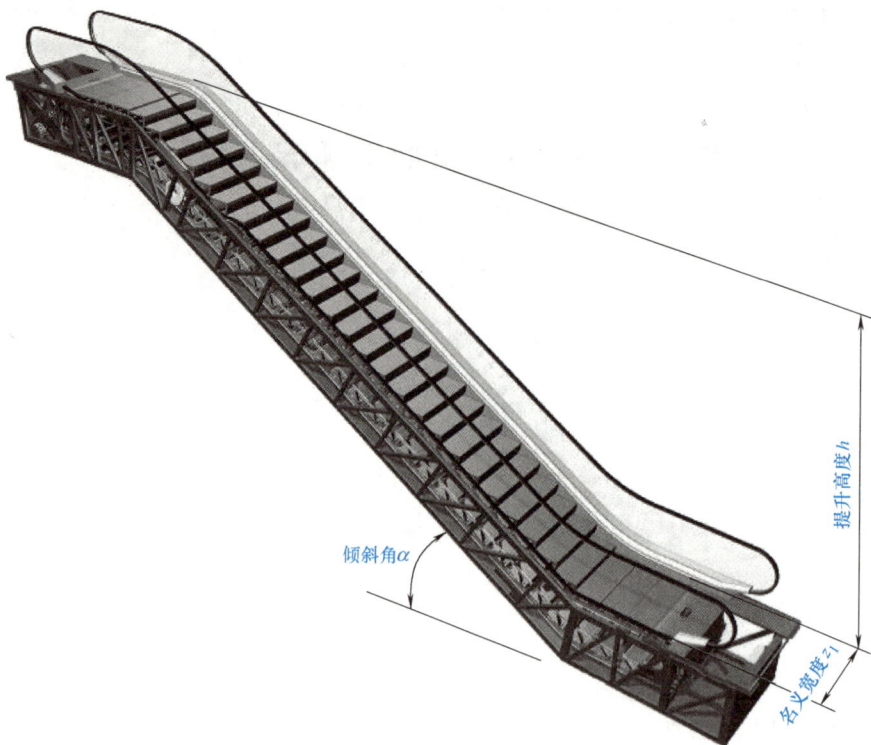

图 4-1 自动扶梯的主要参数

（1）提升高度 h

提升高度 h 指自动扶梯或自动人行道出入口两楼层板之间的垂直距离。

（2）倾斜角 α

倾斜角 α 指梯级、踏板或胶带运行方向与水平面构成的最大角度。自动扶梯的倾斜角有 27.3°、30°、35° 3 种，一般不应大于 30°，当提升高度 $h \leqslant 6m$ 且名义速度 $\leqslant 0.5m/s$ 时，倾斜角允许增至 35°。自动人行道的倾斜角不应大于 12°。

（3）名义宽度 z_1

1）按照 GB/T 7024—2008《电梯、自动扶梯、自动人行道术语》，名义宽度是指对于自动扶梯与自动人行道设定的一个理论上的宽度值。一般指自动扶梯梯级或自动人行道踏板安装后横向测量的踏面长度。

2）GB 16899—2011《自动扶梯和自动人行道的制造与安装安全规范》规定：自动扶梯和自动人行道的名义宽度 z_1 不应小于 0.58m，也不应大于 1.10m。对于倾斜角不大于 6° 的自动人行道，该宽度允许增大至 1.65m。

这个标准包含了自动扶梯梯级 0.60m、0.80m 和 1.00m 3 种标准规格的梯级宽度。而自动人行道的踏板宽度常见的有 0.80m、1.00m、1.20m、1.40m 和 1.60m 5 种规格。（注：各品牌产品的实际尺寸会略有不同，但均在规定的范围之内。）

（4）速度 v

自动扶梯和自动人行道的速度有名义速度和额定速度两种。

1）按照 GB 16899—2011，名义速度是指由制造商设计确定的，自动扶梯或自动人行道的梯级、踏板或胶带在空载（例如：无人）情况下的运行速度。额定速度是自动扶梯和自动人行道在额定载荷时的运行速度。

2）按照 GB/T 7024—2008，额定速度是指电梯设计所规定的轿厢运行速度。

3）名义速度是标称（理论）速度，是自动扶梯（自动人行道）在空载时的运行速度，是在制造时设计的速度；而额定速度是在满载时的运行速度，应以现场实测为准。扶梯在运载乘客时的运行速度会低于空载时的运行速度。但由于在 GB 16899—2011 中没有规定自动扶梯的额定载荷如何计算，所以目前额定速度也没有确定的测量方法。因此目前在介绍到自动扶梯（自动人行道）的技术参数要求时，一般均使用名义速度。读者应注意区别这两个速度参数。

4）自动扶梯的名义速度有 0.50m/s、0.65m/s 和 0.75m/s 3 种，最常用的为 0.50m/s。

GB 16899—2011《自动扶梯和自动人行道的制造与安装安全规范》规定当自动扶梯的 α 不大于 30° 时，其名义速度不应大于 0.75m/s；当倾斜角 30° ≤ α ≤ 35° 时，其名义速度不应大于 0.50m/s。

5）自动人行道的名义运行速度有 0.50m/s、0.65m/s、0.75m/s 和 0.90m/s 4 种。GB 16899—2011 规定自动人行道的名义速度一般不应大于 0.75m/s。如果踏板或胶带的宽度不大于 1.10m，并且在出入口踏板或胶带进入梳齿板之前的水平距离不小于 1.60m 时，自动人行道的名义速度最大允许达到 0.90m/s。上述要求不适用于具有加速区段以及能直接过渡到不同速度运行的自动人行道。

（5）最大输送能力

按照 GB 16899—2011，最大输送能力是指在运行条件下，可达到的最大人员流量。

（6）水平移动距离

水平移动距离又称水平梯级数量，是指梯级为使梯级在出入口处有一个导向过渡段，从梳齿板出来的梯级前缘和进入梳齿板梯级后缘的一段水平距离。显然水平梯级的数量越多，越便于人员出入扶梯，安全性能就越好；但水平梯级的增加不但会增加扶梯的长度，占用建筑物的空间大，而且提升了扶梯的成本。在 GB 16899—2011 中对此有明确规定，例如名义速度 0.5m/s < v < 0.65m/s（或提升高度 h > 6m）的自动扶梯，其水平移动距离不应小于 1.2m（相当于有三块水平梯级）。

二、自动扶梯的基本结构

自动扶梯的基本结构由桁架、梯级导轨、梯级、梳齿板与楼层板、驱动装置、扶手带系统、润滑系统、安全保护系统和电气系统等组成，如图 4-2 所示。

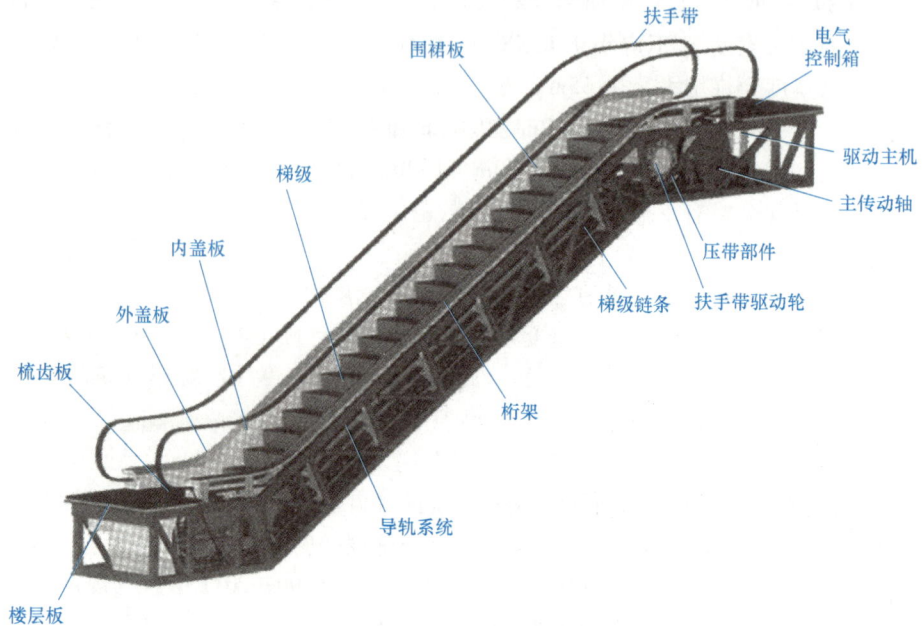

图 4-2　自动扶梯的基本结构

1. 桁架

自动扶梯的桁架架设在建筑结构上，用于安装和支承扶梯的各个部件，承载负荷并连接建筑物不同高度的平面。桁架一般用角钢和型钢等焊接而成，有整体式和分体式两种。金属结构桁架要按照国家标准的规定满足一定的强度和刚度的要求。

为了避免金属结构桁架挠度超出最大限度值，当自动扶梯提升高度超过 6m 时，需在金属结构桁架与建筑物之间安装中间支承（通常两支承点间的距离不应超过 12m，如图 4-3 所示），用以加强金属结构桁架的刚度。对于小提升高度自动扶梯，一般只需增设一个中间支承，对于大提升高度自动扶梯，则需增设几个中间支承，以保证金属结构桁架的足够刚度。

图 4-3　金属结构桁架和中间支承

2. 梯级导轨

梯级导轨是供梯级滚轮运行的导轨，主要由工作导轨、返回导轨、卸载导轨和转向导轨等组成，如图 4-4 所示。

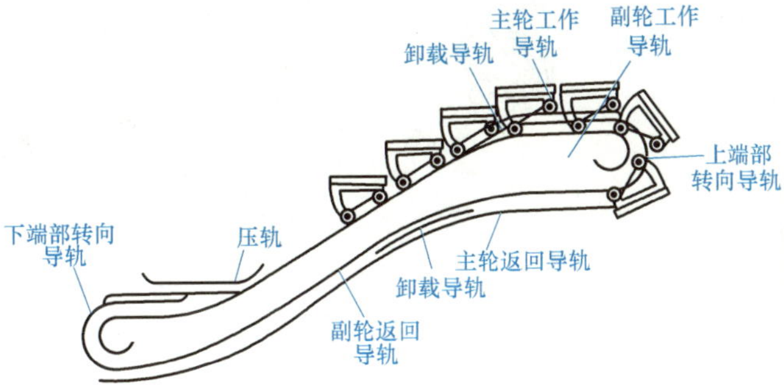

a) 结构 　　　　　　　　　　　　　b) 外形

图 4-4　自动扶梯的导轨

（1）工作导轨

为梯级上的 4 个滚轮提供支承和导向作用。

（2）返回导轨

为从上端部转入下端部的梯级做循环运动时提供支承和导向作用。

（3）卸载导轨

在梯级使用滚轮外置式梯级链驱动时使用，安装在桁架上端部，用于梯级转向时抬起梯级，使梯级链滚轮离开导轨面，减小梯级链滚轮的受力。

（4）转向导轨

起引导梯级从工作导轨转入返回导轨或从返回导轨转入工作导轨的作用。上、下端部转向导轨的位置在扶梯的上、下水平部位（见图 4-4a），当扶梯上行时，上端部转向导轨引导梯级由前进侧转向返回侧，在下行时则由返回侧转向前进侧；下端部转向导轨则在扶梯的下水平部位，其作用与上端部转向导轨正好相反。

3. 梯级

梯级是指在自动扶梯上循环运行，供乘客站立的部件，一台自动扶梯由多个梯级组成。梯级是特殊结构形式的 4 轮小车，有两只主轮和两只副轮。梯级的主轮轴与梯级链连接在一起，而副轮不与梯级链连接。梯级踏板踏面具有槽深>10mm、槽宽为 5～7mm、齿顶宽为 2.5～5mm 的等节距齿形，其作用除防滑之外，还使梯级通过上、下入口时能顺利嵌入梳齿槽中。梯级踢板的圆弧面是为两梯级在倾斜段运行中保证间隙一致而设计的。踢板做成有齿槽的，其要求和踏板一样，这样可以使后一个梯级踏板的齿嵌入前一个梯级踢板的齿槽内，踏板齿顶和踢板齿顶的间距不大于 6mm。

从结构上区分，梯级有整体式梯级与装配式梯级两类。整体式梯级是将踏板、踢板、支架于一体整机压铸而成，如图 4-5a 所示，其特点是加工制造容易、重量轻、精度高、便于装配和维修；而装配式梯级是由踏板、踢板、支架、支承板、滚轮、梯级轴等组成，如

图 4-5b 所示，这种梯级制造工艺较复杂，装配后的梯级尺寸与几何公差的同一性较差。

a) 整体式梯级   b) 装配式梯级

图 4-5   自动扶梯的梯级

4. 梳齿板与楼层板

（1）梳齿板

梳齿板是位于运行的梯级或者踏板出入口，为方便乘客上下过渡，与梯级或者踏板相啮合的部件，如图 4-6a 所示。其齿形结构与梯级结构密切相关。梳齿板上的齿应与梯级上的齿槽啮合。目前使用最多的梳齿板为铝合金铸件或工程塑料注塑件。

（2）楼层板

楼层板是设置在扶梯的出入口，与梳齿板连接的金属板，如图 4-6b 所示。楼层板表面铺设耐磨、防滑材料。

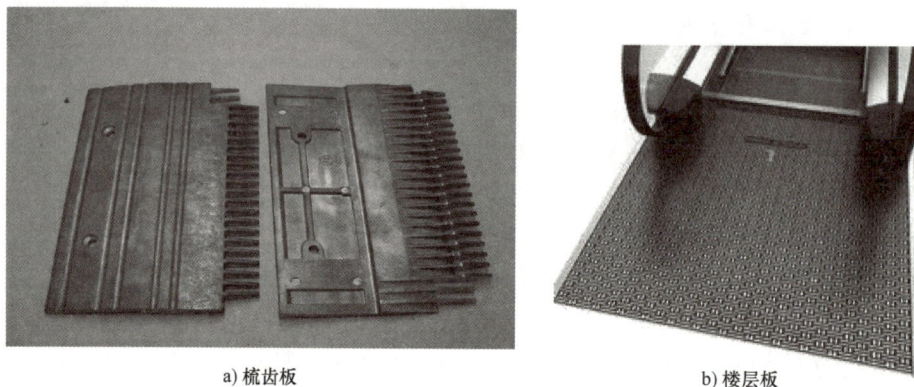

a) 梳齿板   b) 楼层板

图 4-6   自动扶梯的梳齿板和楼层板

5. 驱动装置

驱动装置是自动扶梯的动力源，它通过主驱动链条将驱动电动机的动力传递给驱动主轴，由驱动主轴带动梯级链轮以及扶手链轮，从而带动梯级及扶手带的运行。由于自动扶梯连续运行的时间较长，因此驱动装置应具有以下特点：

① 所有零、部件都有较高的强度和刚度，以保证设备安全可靠。

② 零、部件具有较高的耐磨性，保证每天长时间运行条件下的工作寿命。

③ 结构紧凑，维修方便。

驱动装置由电动机、减速器、制动器、传动链条及驱动和回转主轴等组成。按照驱动装置所在位置可分为上、下端部驱动装置，中间驱动装置和外置式驱动装置 4 种，这里主要介绍上端部驱动装置。

端部驱动装置以驱动链条传递动力，安装在自动扶梯的上、下端部。端部驱动装置使用较为普遍，工艺成熟，维修方便，其主要组成部件有驱动主机、制动器、牵引链条与牵引齿条等，如图 4-7 所示。

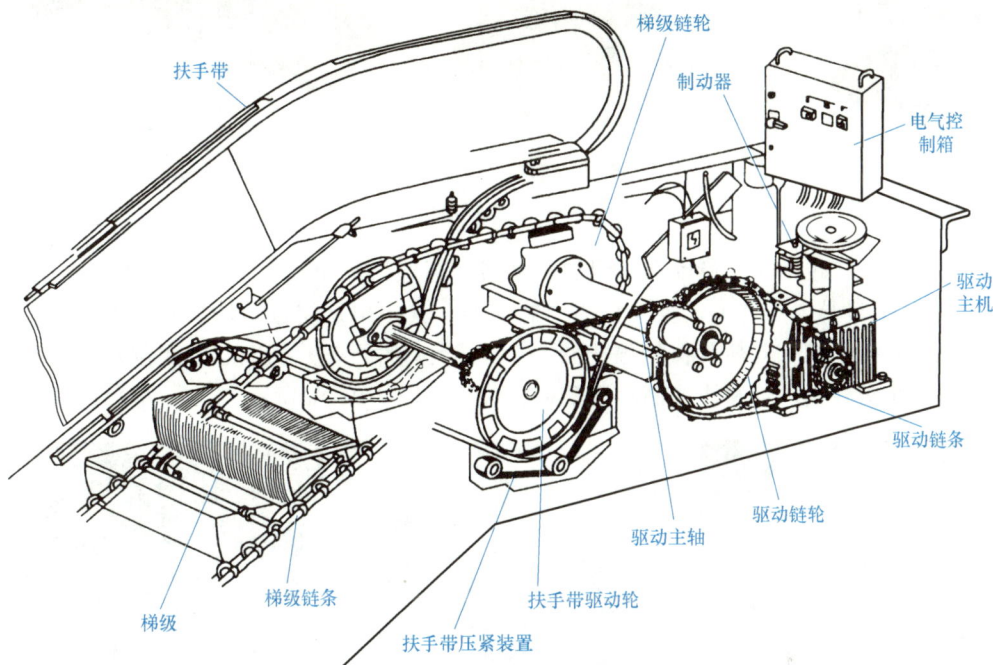

图 4-7　端部驱动装置的一般结构形式

（1）驱动主机

1）立式主机。端部驱动主机有立式和卧式两种，分别如图 4-8a、b 所示。现一般采用立式主机，其结构特点是电动机和减速器都是立式的，结构紧凑、占有空间少、重量轻、便于维修，噪声低、振动小、平衡性好，而且承载能力大。图 4-8a 所示为采用蜗轮蜗杆传动的立式主机。

2）卧式主机。卧式主机的结构特点是电动机和减速器都是卧式的，其传动相对较平稳，但占有空间较大。如图 4-b 所示的卧式主机其电动机与减速器之间是采用带传动的。

目前市场上有一种新型的直驱扶梯主机，可预防驱动链条断开的风险，如图 4-8c 所示。有兴趣的读者可查阅有关资料。

一般小提升高度的扶梯由一台驱动主机驱动，大、中提升高度的扶梯可由两台驱动主机驱动（可在两侧驱动）。但在 GB 16899—2011 中明确规定：一台主机不应驱动一台以上的自动扶梯或自动人行道。

（2）制动器

制动器的作用是使自动扶梯停止运动并保持静止状态。GB 16899—2011 明确要求：自

a) 立式主机　　　　　b) 卧式主机　　　　　c) 直驱扶梯主机

图 4-8　端部驱动主机

动扶梯的制动系统包括工作制动器、附加制动器、超速保护和非操纵逆转保护。

1）工作制动器。工作制动器又称为主制动器，其作用是使自动扶梯有一个接近匀减速的制停过程直至停机，并使其保持停止状态。工作制动器一般采用机-电式制动器，可分为带式制动器、盘式制动器和块式制动器 3 种，分别如图 4-9a～c 所示。

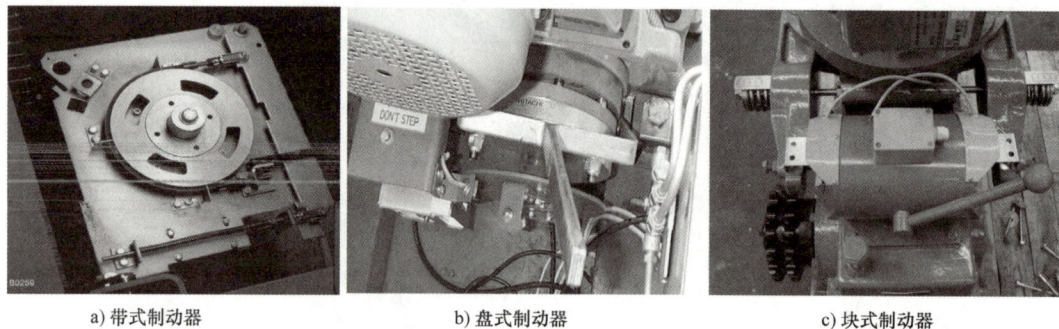

a) 带式制动器　　　　　b) 盘式制动器　　　　　c) 块式制动器

图 4-9　工作制动器

① 带式制动器。带式制动器依靠制动杆及张紧的钢带作用在制动轮上产生摩擦制动力。其结构较简单、紧凑，能对扶梯的上、下行产生不同的制动力矩；但在制动时会产生偏拉力。

② 盘式制动器。盘式制动器通常安装在减速器的输入轴端，摩擦副的一方与转动轴相连。当驱动器起动时，摩擦副的两方脱开，使其运转；当制动时，摩擦副的两方接触并压紧，在摩擦面之间产生摩擦力矩进行制动。

③ 块式制动器。又称为闸瓦制动器。使用块式制动器的扶梯，其驱动主机与减速器之间通过联轴器传动，制动时制动闸瓦在制动弹簧的作用下抱紧联轴器的外壳，从而产生制动摩擦力。块式制动器制动较平稳，且安装调整方便，在自动扶梯中使用最为广泛，在 YL-2170A 型教学用扶梯上使用的就是块式制动器。

2）附加制动器。GB 16899—2011 规定：在以下任何一情况下，自动扶梯和倾斜式自动人行道应设置一个或多个附加制动器：①工作制动器和梯级、踏板或胶带驱动装置之间不是用轴、齿轮、多排链条或多根单排链条连接的。②工作制动器不是符合标准规定的机-电式制动器。③提升高度超过 6m。

附加制动器（见图 4-10）是利用摩擦原理的机械式制动装置，能使具有制动载荷向下运行的自动扶梯和自动人行道有效地减速停止，并使其保持静止。附加制动器与梯级、踏板或胶带驱动装置之间应用轴、齿轮、多排链条或多根单排链条连接，不允许采用摩擦传动元件（如离合器）连接。

附加制动器应在两种情况下动作：一是在自动扶梯的速度超过名义速度 1.4 倍之前；二是在梯级、踏板或胶带改变其规

图 4-10 附加制动器

定运行方向的时候。如果电源发生故障或安全回路失电，允许附加制动器和工作制动器同时动作（注：附加制动器动作时，不必保证对工作制动器所要求的制停距离）。

3）超速保护和非操纵逆转保护（见"三、自动扶梯的安全保护系统"）。

（3）牵引链条与牵引齿条

自动扶梯的主机与主驱动之间最常见的是链传动，如图 4-11a 所示。此外还有齿条传动，如图 4-11b 所示。

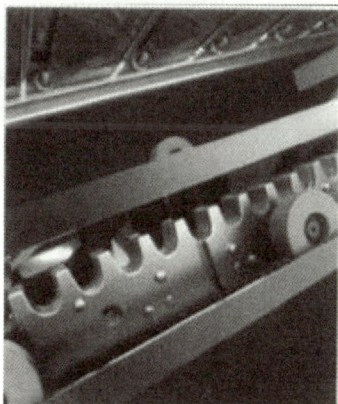

a) 牵引链条　　　　　　　　　　b) 牵引齿条

图 4-11 牵引链条与牵引齿条

6. 扶手带系统

扶手带系统的主要作用是提供一套与梯级运行同步的扶手带，供乘客站立扶握并对乘客起安全保护作用。扶手带系统安装在自动扶梯两侧，其基本结构包括扶手带驱动装置、扶手带导向系统、扶手带、护壁板和围裙板等部件，示意图如图 4-12 所示。

（1）扶手带驱动装置

扶手带驱动装置的作用为驱动扶手带，并保证扶手带运行速度与梯级速度偏差不大于 2%。扶手带驱动装置有直线压轮式、摩擦轮式和端部轮式 3 种形式，直线压轮式和摩擦轮式扶手带驱动装置如图 4-13a、b 所示。

图 4-12 扶手带系统

a) 直线压轮式扶手带驱动装置

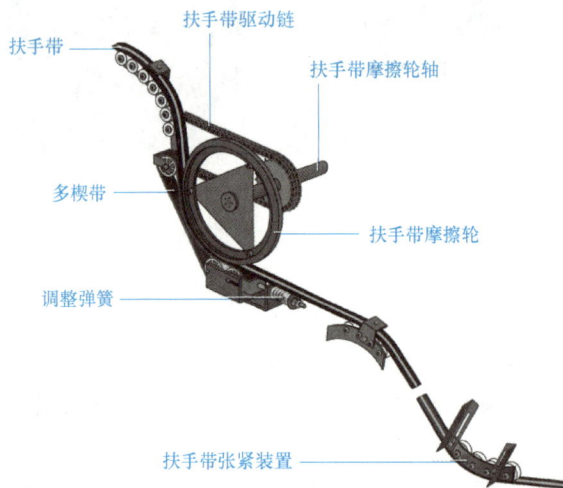

b) 摩擦轮式扶手带驱动装置

图 4-13 扶手带驱动装置

　　1）直线压轮式。直线压轮式扶手带驱动装置是将若干个直径较小的驱动轮排列成直线状态，由扶手带与驱动轮之间产生的摩擦力来驱动扶手带。

　　2）摩擦轮式。摩擦轮式扶手带驱动装置适合于室内和室外应用，摩擦轮的外缘包有橡胶或聚氨酯，可以增大压轮与扶手带之间的摩擦力，当橡胶磨损严重造成扶手带与压轮之间打滑或者与梯级速度不同步时，应更换压轮。

　　3）端部轮式。端部轮式扶手带驱动装置由于驱动力矩大、运行平稳和维护保养方便，因此多用于公交场站的自动扶梯。

　　（2）扶手带导向系统

　　扶手带导向系统由扶手带导轨及导向组件构成，按位置可分为乘客段、返回段和端部转向段。乘客段扶手带导轨是对乘客手握部分的扶手带起导向作用；返回段扶手带导轨不需要承受乘客的负载，主要作用是导向、调节扶手带的张紧力和去除静电；端部转向段扶手带导轨主要作用是减少扶手带在通过端部时的摩擦阻力，主要有滚轮结构和导轮结构。

　　（3）扶手带

　　扶手带是位于扶手装置的顶面，与梯级同步运行，供乘客扶握的带状部件。

　　（4）护壁板

　　护壁板是装在扶手带下方内侧盖板与外侧盖板之间的装饰护板，有玻璃和金属材料两种。

　　（5）围裙板

　　围裙板是与梯级两侧相邻的金属围板。围裙板任何一侧与梯级的水平间隙不应大于 4mm，在两侧对称位置处测得的间隙总和不应大于 7mm。

　　7. 润滑系统

　　自动扶梯是一种连续运行的运输设备，因此自动扶梯的传动链条、驱动主机的减速器和各类轴承等的润滑具有十分重要的作用。充分、合理的润滑可以有效地减少自动扶梯运动部件的磨损，延长使用寿命，同时可以减少运行阻力，降低运行噪声。

　　自动扶梯对各种传动链条都有专用的润滑装置进行润滑，常用的链条润滑装置有滴油式和自动润滑装置两种。自动润滑装置如图 4-14 所示。

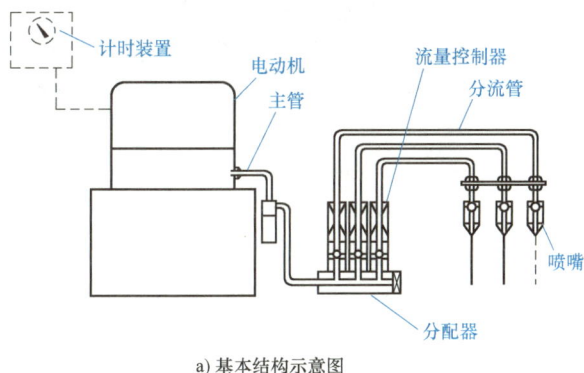

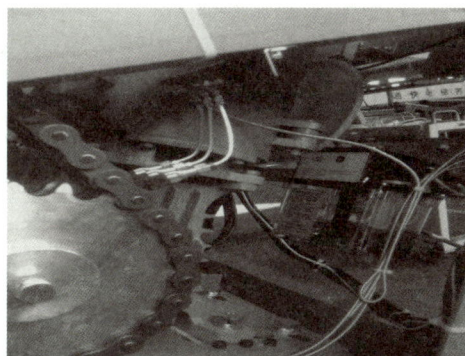

a）基本结构示意图　　　　　　　　　　　b）实物图

图 4-14　自动润滑装置

　　8. 电气系统

　　（1）自动扶梯电气系统的组成（以 YL-2170A 型教学用扶梯为例）

自动扶梯的电气系统包括电气控制箱，驱动主机，电磁制动器，自动润滑电动机，上下端部的自动运行钥匙开关、紧急停止按钮及起动警铃钥匙开关，速度监测电气装置，安全保护开关，扶手照明电路，梯级间隙照明电路，下端机房接线箱，移动检修盒，故障显示器等部件。

1）电气控制箱。自动扶梯所有的电气控制元件都装在一个控制箱内，位于上部机房，松开螺栓可将电气控制箱提出机房，便于维修人员进入机房进行维修，如图 4-15 所示。

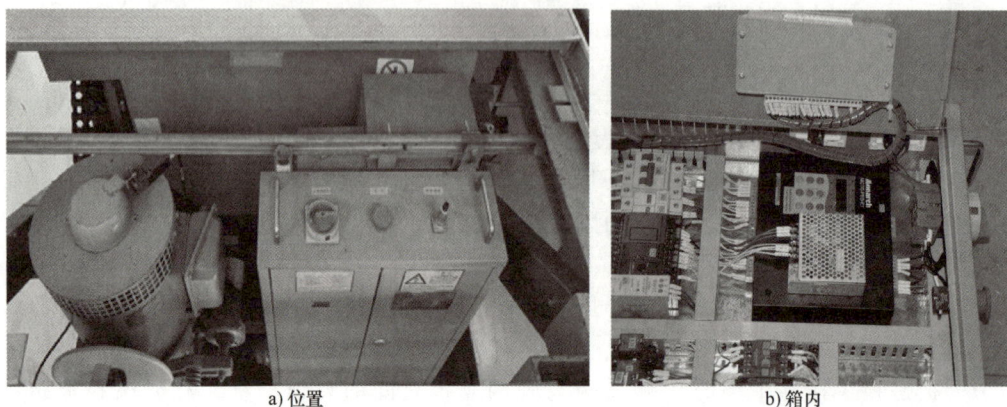

a) 位置

b) 箱内

图 4-15 电气控制箱

2）故障显示器。两个故障显示器分别在电气控制箱的门上和箱里面（见图 4-15a、b）。

① 安全回路故障代码显示装置。在电气控制箱门上装有一个故障显示器（见图 4-15a 和图 4-16），上面有 3 个数码管的故障显示器和 1 块故障说明牌，显示常见的安全回路 17 项故障（也可见该扶梯的技术资料），便于维修人员快速查找故障。

② 安全监控器故障码显示装置。该故障显示器在电气控制箱内，如图 4-15b 和图 4-17 所示。YL-2170A 型教学用扶梯可编程电子安全系统有 16 项警示信息或保护功能、10 项故障反应信息，时刻监视着各种输入信号、运行条件、外部反馈信息等，如发生异常则相应的保护功能动作，并显示故障代码。此时用户可以根据该扶梯提供的技术资料进行故障分析，

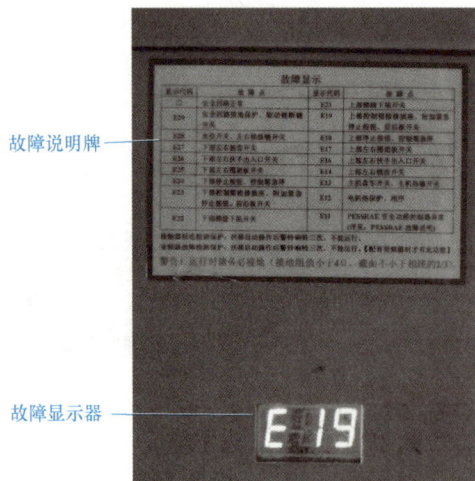

图 4-16 安全回路故障代码显示装置

图 4-17 安全监控器故障码显示装置

确定故障原因，找出解决方法。

3）自动运行钥匙开关和紧急停止按钮。自动扶梯的起动及运行方向的确定，是由操作人员转动钥匙开关来实现的。在自动扶梯的上、下端部都装有自动运行钥匙开关和红色的紧急停止按钮（提升高度超过 6m 的自动扶梯应在中间增加一个紧急停止按钮），如图 4-18 所示。

4）安全保护开关。安全保护开关的作用是保护扶梯的运行安全，一旦扶梯某部位发生故障，扶梯会立即停止运行。并且故障显示器将显示出发生故障部位的代码，维修人员依据故障显示部位排除故障后，扶梯才能重新起动，投入正常运行。安全保护开关位置示意图如图 4-19 所示。

红色的紧急停止按钮

图 4-18　自动运行钥匙开关和紧急停止按钮

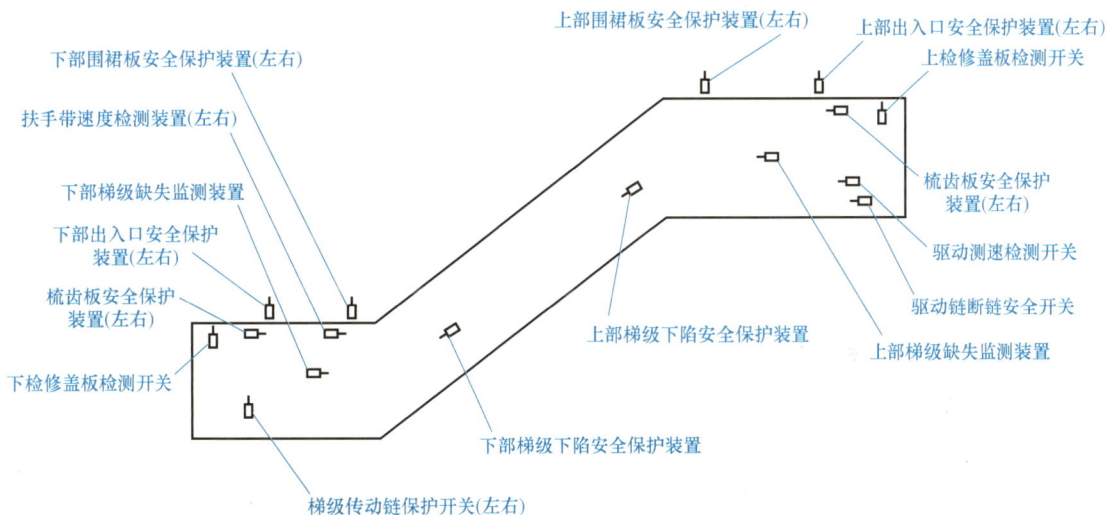

图 4-19　安全保护开关位置示意图

（2）自动扶梯的电气控制

自动扶梯一般有 4 种起动方式，可根据用户的需求进行配置。

1）星形-三角形起动。起动后一直按 0.5m/s 的速度运行。

2）变频起动。起动后按 0.5m/s 的速度运行，如在 3min 内无人乘梯，速度降为 0.2m/s 以减少耗电，直至感应有人乘梯后速度再恢复至 0.5m/s。

3）自起动。起动后按 0.5m/s 的速度运行，如在 3min 内无人乘梯，自动扶梯停止运行以节省电能；若通过出入口的感应器（见图 4-20）检测到有人乘梯后，再重新起动运行。

4）变频-自起动。起动后按 0.5m/s 的速度运行，如在 3min 内无人乘梯，速度自动降至 0.2m/s；如再过 3min 仍无人乘梯，自动扶梯停止运行以节省电能，直至感应到有人乘梯后再重新起动运行。

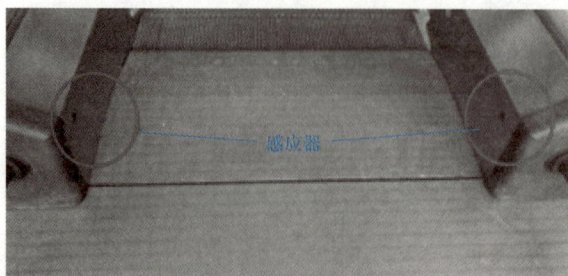

图 4-20　感应器位置示意图

🔑 相关链接

YL-2170A 型教学用扶梯的运行控制方式

1. 运行方式

自动扶梯的拖动部分采用变频器调速，通过调节电动机三相交流电的电压及频率来改变电动机的转速，从而改变扶梯的运行速度；当无人乘坐时，约 60s 后扶梯以名义速度的 2/7 行驶速度运行；当检测到在运行方向上有人进入自动扶梯感应区内乘坐时，自动加速到额定速度运行。

2. 运行过程

（1）检修运行

① 拔下上端部或者下端部电气控制箱上的附加插头，并插上检修插头（插头为多芯航空用插头，扶梯检修盒如图 4-21 所示），继电器 KJX 不动作，扶梯转换为检修运行。

a) 检修盒

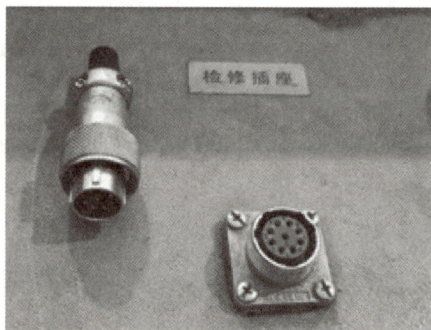

b) 检修插座

图 4-21　扶梯检修盒

② 手持操纵检修盒，检查 FU3~FU4 柜内熔丝，合上电源开关 QF、K1、KF。

③ 若安全回路畅通，PLC 供电正常，且在"RUN"状态下，则打开检修盒上停止开关（STOP），点动检修盒公共按钮（SQ）及上行或下行按钮（UP 或 DOWN），接触器将按下列顺序工作：KU（或 KD）吸合→抱闸接触器 KMB 吸合→运行接触器 YC 吸合→抱闸释放检测开关 KBZ1/KBZ2 动作→PLC 快车继电器信号输出，扶梯按配置的运行方式运行。

④ 检修运行时，扶梯速度监控、非操纵逆转、制动距离检测仍起作用。

（2）正常运行

① 将上下端部两只检修插头都插上，继电器 KJX 吸合。

② 检查 FU3~FU4 柜内熔丝，合上电源开关 QF、K1、KF。

③ 若安全回路正常，PLC 供电正常，且在 "RUN" 状态下，插入起动钥匙，按所需方向旋转，并保持约 0.5s 后复位，控制元器件将按以下顺序工作：KU（或 KD）吸合→抱闸接触器 KMB 吸合→运行接触器 YC 吸合→抱闸释放检测开关 KBZ1/KBZ2 动作→信号通过 PLC/Y01 传输到 INV 变频器 DI3 端口，扶梯按配置的运行方式运行。

（3）智能变频运行

① 经济运行方式。插入起动钥匙，按运行方向旋转 1 次，扶梯起动运行。如果连续约 1min 无人进入感应器检测范围，则扶梯按额定速度的 2/7 行驶速度运行；当检测到有人进入自动扶梯感应区内乘坐时，自动加速到额定速度运行。

② 标准运行方式。插入起动钥匙，按运行方向要求旋转 3 次，扶梯按配置的运行方式运行，直到按停止按钮停车。此方式为扶梯的标准运行方式（无需智能感应器）。

三、自动扶梯的安全保护系统

自动扶梯安全保护系统是为了在任何情况下，都能够保证乘客和自动扶梯设备本身的安全而设置的各种保护装置。自动扶梯安全保护系统包括制动器和梯级链安全保护装置、梯级下陷安全保护装置、梯级缺失监测装置、梳齿板安全保护装置、围裙板安全保护装置、扶手带入口安全保护装置、扶手带断带安全保护装置、超速保护和非操纵逆转保护装置等，如图 4-22 所示。其中制动器已在前面介绍了，在此主要介绍其他保护装置的作用。

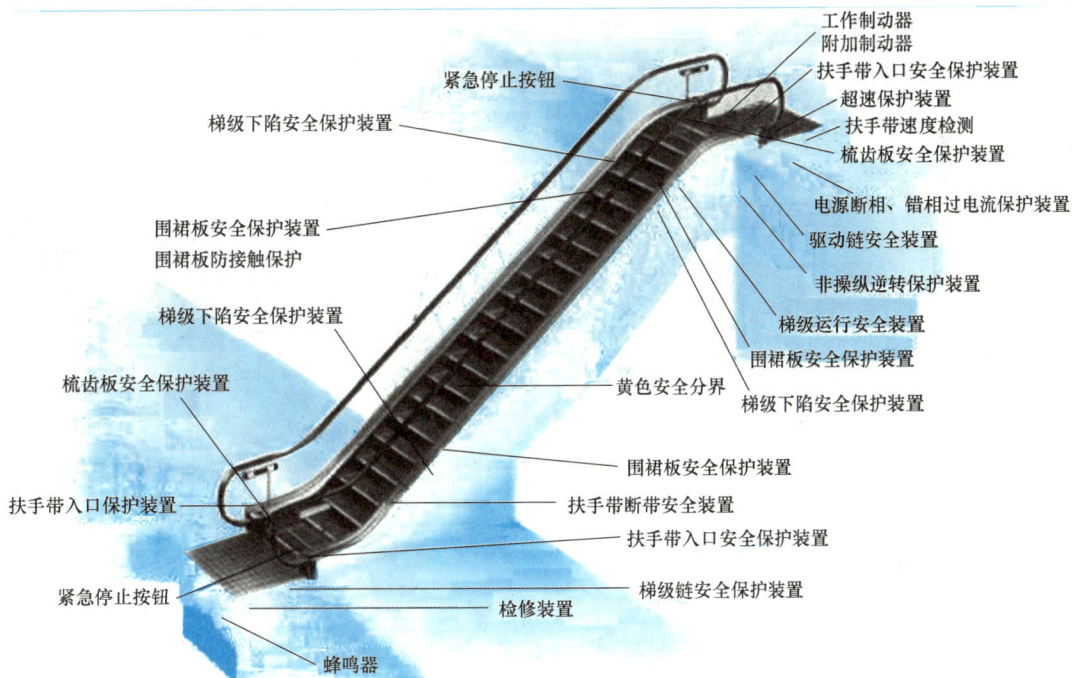

图 4-22　自动扶梯安全保护系统示意图

1. 梯级链安全保护装置

GB 16899—2011 规定：梯级链条应能连续地张紧。在张紧装置的移动超过±20mm之前，自动扶梯和自动人行道应自动停止运行。

梯级链安全保护装置是当梯级链条断裂或过分松弛时，能使自动扶梯停止的电气装置。该装置通常是在梯级链张紧弹簧两端部各设置一个电气安全开关。当张紧装置的前后位移超过 20mm 时，开关动作，自动扶梯停止运行，如图 4-23 所示。

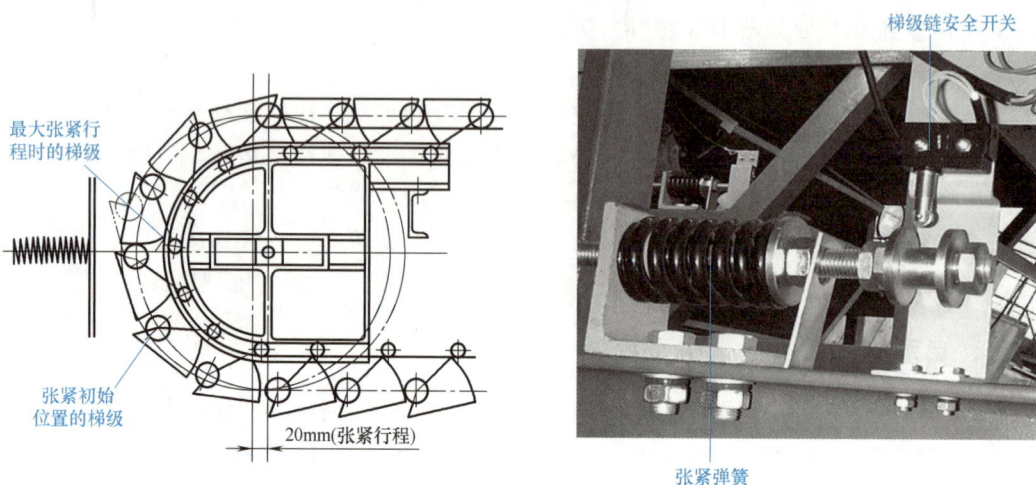

图 4-23　梯级链安全保护装置

2. 梯级下陷安全保护装置

因梯级链轮破损、梯级轴承断裂或者梯级其他单位破损等原因，导致梯级下陷、倾斜时，如果自动扶梯未能及时停止运行，将会导致梯级上的乘客跌倒或者对自动扶梯设备本身造成严重损坏。因此当发生上述情况时通过设置在自动扶梯上的梯级下陷安全保护装置起作用，令自动扶梯可以立即停止运行，如图 4-24 所示。

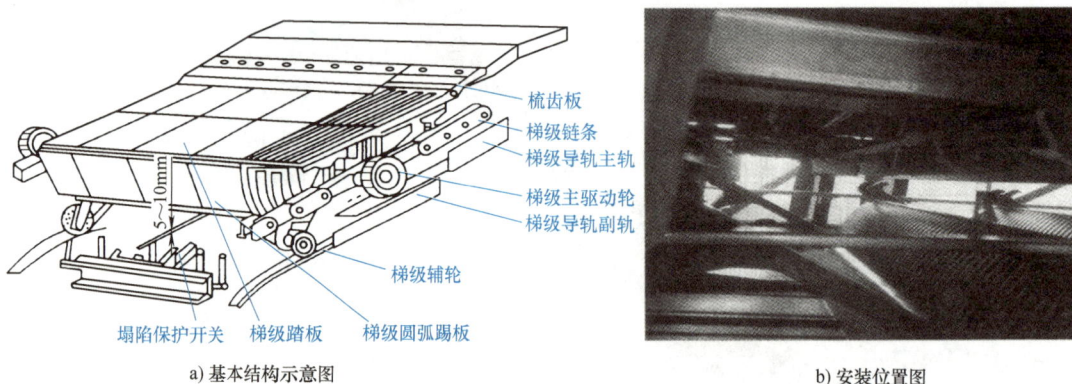

a) 基本结构示意图　　　　　　　　　　　　　　　b) 安装位置图

图 4-24　梯级下陷安全保护装置

3. 梯级缺失监测装置

如果自动扶梯在维修后没有及时装上被拆卸的梯级而起动运行，或者其他原因造成的梯级缺失，都会造成严重的后果。因此自动扶梯应在驱动站和转向站安装有梯级缺失监测装置，在没有安装梯级的缺口从梳齿板出现之前使自动扶梯停止，如图 4-25 所示。

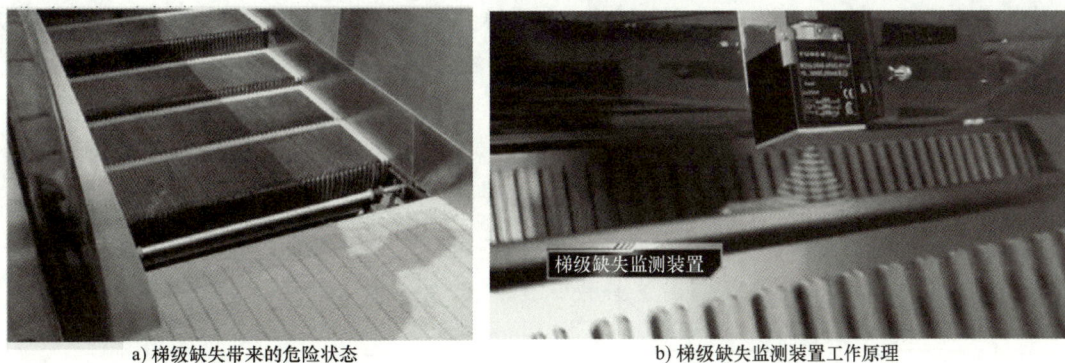

a) 梯级缺失带来的危险状态　　　　　　　　b) 梯级缺失监测装置工作原理

图 4-25　梯级缺失监测装置

4. 梳齿板安全保护装置

在上下梳齿板两侧各装有一个梳齿板安全开关，一旦梯级与梳齿板啮合处有异物卡住，将使梳齿板向后或向上移动，从而断开梳齿板安全开关，使自动扶梯停止运行，如图 4-26 所示。

5. 围裙板安全保护装置

围裙板安全保护装置由围裙板安全毛刷和围裙板安全开关组成，如图 4-27 所示。围裙板安全毛刷安装在自动扶梯两侧的围裙板上，防止乘客的衣物被夹在梯级与围裙板之间的间隙中。围裙板安全开关安装在围裙板的后面与围裙板之间，一般安装在上下弯转

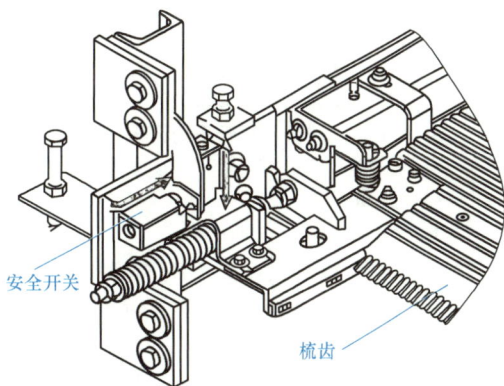

图 4-26　梳齿板安全保护装置

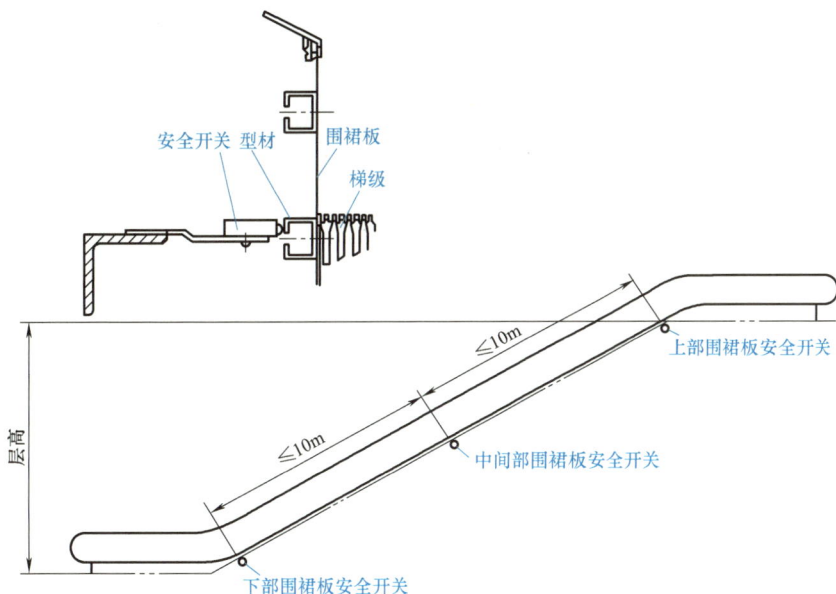

图 4-27　围裙板安全保护装置

部位，分左右共 4 个（当提升高度较大时，在扶梯的中间段也要加装安全开关）。当围裙板与梯级间夹有异物时，由于围裙板的变形而断开相应的安全开关，从而使自动扶梯停止运行。

6. 扶手带入口安全保护装置

扶手带入口安全保护装置主要由入口套、微动开关和托架等组成，如图 4-28 所示。当有异物或人手推压入口处时，入口套变形后触发微动开关使自动扶梯停止。

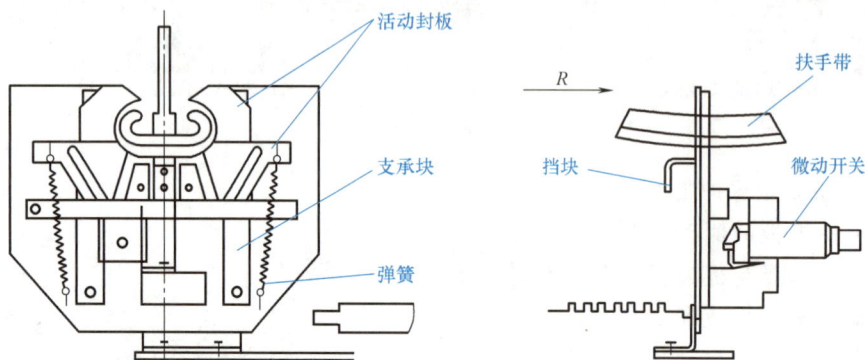

图 4-28　扶手带入口安全保护装置

7. 扶手带断带安全保护装置

目前大多数自动扶梯都装有扶手带断带安全保护装置。扶手带断带安全保护装置一般安装在扶手带驱动装置靠近下平层的返回侧，如果扶手带出现松弛、张力不足或者断裂的情况，扶手带断带安全保护装置动作，自动扶梯停止运行。

8. 超速保护和非操纵逆转保护装置

超速保护和非操纵逆转保护装置如图 4-29 所示。

（1）超速保护

自动扶梯应在速度超过名义速度的 1.2 倍或 1.4 倍之前自动停止运行。常用的超速保护装置有主驱动轮速度传感器（编码器）和导轨速度感应器两种。

①主驱动轮速度传感器（编码器）。从主驱动轮上采集速度相关的脉冲信号，检测出自动扶梯的实际运行速度，当运行速度过

图 4-29　超速保护和非操纵逆转保护装置

低或者发生逆转时，给控制系统发出信号，切断主机电源，使自动扶梯停止。

② 导轨速度传感器。直接将检测器件安装在导轨上，通过监测梯级的运行速度和方向的变化，检测出自动扶梯的实际运行速度，当运行速度过低或者发生逆转时，给控制系统发出信号，切断主机电源，使自动扶梯停止。

（2）非操纵逆转保护

常见的自动扶梯非操纵逆转保护装置有电子式和机械式两种。

① 电子式非操纵逆转保护装置。自动扶梯的逆转基本上只能发生在扶梯上行状态，在

逆转发生前必然先是意外减速，当速度降到正常速度的 20%～50% 时，电子式非操纵逆转装置发出信号，使自动扶梯工作制动器动作；如果此时工作制动器失效，电子式非操纵逆转装置检测到自动扶梯出现了逆转，则附加制动器动作，紧急制停自动扶梯。

　　② 机械式非操纵逆转保护装置。为了提高对逆转检测的可靠性，有的自动扶梯在装有电子式非操纵逆转装置的同时，还安装有机械式非操纵逆转保护装置。

任务实施

步骤一：学习准备

1）准备实训设备与器材。

① 公共场所中各种实用的自动扶梯和自动人行道。

② YL-2170A 型教学用扶梯（及其配套工具、器材）。

③ 自动扶梯维修保养通用的工、量具。

2）指导教师先到准备组织学生参观的自动扶梯（和自动人行道）所在场所"踩点"，了解周边环境、交通路线等，事先做好预案（参观路线、学生分组等）。

3）对学生进行参观前的安全教育（详见"参观注意事项"）。

步骤二：参观自动扶梯与自动人行道

组织学生到有关场所（如商场、写字楼和机场、车站、地铁站等）参观自动扶梯（也可用 YL-2170A 型教学扶梯，下同）和自动人行道，将观察结果记录于表 4-1 中。

表 4-1　自动扶梯（自动人行道）参观记录表

类型	自动扶梯□　水平型自动人行道□　倾斜型自动人行道□
使用场所	宾馆酒店□ 商场□ 写字楼□ 机场□ 车站□ 地铁站□ 人行天桥□ 其他场所□
用途类型	普通型□　公共交通型□　重载型□
安装位置	室内□　　室外□　　半室外□
机房位置	机房上置式□　机房下置式□　机房外置式□　中间驱动式□
护栏类型	金属护栏□　玻璃护栏□
运行速度	恒速□　　可变速□
参观的其他记录	

参观注意事项：

1）参观首先一定要注意安全。在参观前必须要进行安全教育，强调绝对不能乱动、乱碰任何电器和设备的运行部件。

2）组织参观前要做好联系工作，事先了解现场环境，安排好参观位置，不要影响现场秩序，防止发生事故。

3）参观现场若比较狭窄、拥挤，可分组、分批轮流或交叉参观，每组人数根据实际情况确定，以保证安全、不影响现场秩序和设备的使用为前提，以保证教学效果为原则。

步骤三：自动扶梯运行控制的学习（选做内容）

1）在指导教师的带领下，了解 YL-2170A 型教学用扶梯的运行控制方式。方法：可由教师先演示扶梯的 3 种运行控制方式，学生观察相关电器的安装位置、操作方法及扶梯对应的运行状态，并注意操作要领和安全注意事项。然后每组选派 1～2 名学生进行操作练习

（教师在旁边监护，在运行中要确保梯上没有人或物品）。

2）将演示与练习过程的观察结果记录于表 4-2 中（可自行设计记录表格，下同）。

表 4-2 扶梯运行控制学习记录表

运行控制方式	操作步骤	备注
检修运行		
智能变频运行:经济运行方式		
智能变频运行:标准运行方式		
其他记录		

步骤四：讨论和总结

1）学生分组，每个人口述所参观的扶梯的类型、用途、基本功能和主要参数等。再交换角色，反复进行。

2）学生分组交流表 4-2 中记录的内容。

评价反馈

根据学习任务完成情况先进行自我评价，然后进行小组互评，最后由教师评价，评价结果记录于表 4-3 中。

表 4-3 学习任务 4.1 评价表

评价内容	配分	评分标准	自评	互评	教师评
1. 安全意识	10 分	1. 不遵守安全操作规范的要求(酌情扣 2~5 分) 2. 不按安全操作规范使用工具(扣 1~2 分) 3. 有其他的违反安全操作规范的行为(扣 1~2 分)			
2. 熟悉自动扶梯主要部件和作用	60 分	1. 没有找到指定的部件(每个扣 5 分) 2. 不能说明部件的作用(每个扣 5 分)			
3. 观察记录	20 分	表 4-1、表 4-2 记录不完整,有缺漏(每个扣 3~5 分)			
4. 职业规范和环境保护	10 分	1. 在工作过程中,工具和器材摆放凌乱(扣 1~2 分) 2. 不爱护设备、工具,不节省材料(扣 1~2 分) 3. 在工作完成后不清理现场,工作中产生的废弃物不按规定处置(各扣 2 分,若将废弃物遗弃在井道内的可扣 4 分)			
合　计					

总评分 = 自评分×30%+互评分×30%+教师评分×40%

阅读材料

阅读材料3 自动扶梯的起源与发展

据说自动扶梯（Escalator）一词最早出现于 19 世纪末，当时是一个新的组合词汇：Escalator=scala（拉丁语"梯级"的意思)+Elevator（英语"电梯"），意为"带梯级的电梯"。

在 1859 年，有人发明了一种"旋转式楼梯"（见图 4-30），在旋转的传送带上安装了木质的梯级，乘客在三角形的某个端部进入，到达后就从梯上跳下来。虽然现在看来这一设计十分地幼稚可笑，好像也没有什么实用价值，但却被认为是自动扶梯的最早构思。

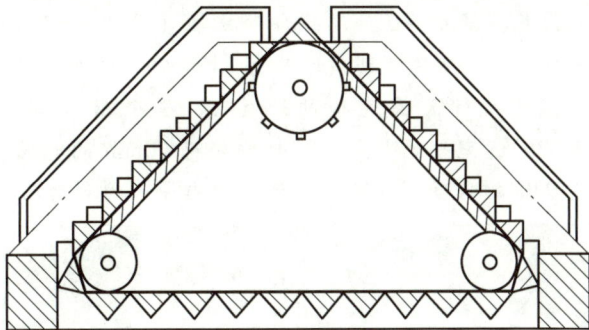

1892 年发明了可与梯级同步移动的扶手带，从而使"电动楼梯"的实际使用成了可能。同年还发明了"倾斜输送机"，其关键是传送带的表面被制成凹槽状，而安装在

图 4-30　旋转式楼梯

上、下端部的梳齿能与每条凹槽齿合，这个能使乘客安全地出入扶梯的装置，这可以说是扶梯发展史上的一个重大发明。在此基础上，奥的斯电梯公司于 1899 年制造出第一台有水平梯级、活动扶手和梳齿板的自动扶梯。

自动扶梯进入中国是在 1935 年（见"阅读材料 1"）。1959 年，上海电梯厂制造出了我国第一批自动扶梯，用于北京火车站。

近年来，随着我国经济的高速发展，我国已成为全球自动扶梯最大的生产国与消费国。据统计，自动扶梯和自动人行道约占在用电梯总量的 15%。

与垂直电梯一样，近年来随着科学技术的发展，许多新的技术与工艺材料逐渐应用到自动扶梯上，也出现了许多新颖的设计构思，例如有：

1）能够自动变速的自动扶梯和自动人行道。有些长距离的自动扶梯和自动人行道由于运行速度较高（如有的自动人行道可达 2~3m/s），为使乘客能安全地出入，在其出入口有一段由低速过渡到高速的变速段。

2）改变坡度的自动扶梯。有的自动扶梯和自动人行道中间某一段为水平运行，以与建筑物的结构或相邻的固定楼梯相吻合。

3）螺旋形自动扶梯。1985 年研制出曲线运行的螺旋形自动扶梯（见图 4-31）。螺旋形自动扶梯使用方便且具有装饰艺术效果。但由于其外周与内周梯级的线速度不一样，需要有专门的驱动机构，所以造价较高，难以普及使用。

图 4-31　螺旋形自动扶梯

4) 我国湖南张家界天门山景区长达897m的穿山自动扶梯，提升高度为340m，是世界上最长、提升高度最高的自动扶梯（见图4-32a）。而我国香港由中环至半山的电梯长达800多米，从底部到顶部约有135m高，这部电梯由20座自动扶梯和3个自动人行道组成，通过人行天桥连接的地方有14个出入口，堪称世界上最长的户外电梯（见图4-32b），完整地坐完这部电梯要花20min的时间。新建成的北京大兴国际机场有一条长达93m的自动人行道，是目前国内最长的自动人行道（见图4-32c）。

a) 世界上最长的自动扶梯 b) 世界上最长的户外电梯 c) 国内最长的自动人行道

图 4-32 最长的自动扶梯和自动人行道

相关链接

YL-2170A 型自动扶梯维修与保养实训考核装置简介

（一）产品概述

YL-2170A 型自动扶梯维修与保养实训考核装置是 YL-777 型电梯的配套设备之一，如图 4-33 所示。该装置是根据自动扶梯维修保养教学要求而开发的实训教学平台，适合于各类职业院校和技工院校电梯类专业，以及建筑设备、楼宇智能化专业和机电类专业教学，以及职业资格鉴定中心和培训考核机构教学使用。

整个装置由金属骨架、曳引装置、驱动装置、扶手驱动装置、梯路导轨、梯级传动链、

图 4-33 YL-2170A 型自动扶梯维修与保养实训考核装置外观图

梯级、梳齿前沿板、电气控制系统、自动润滑系统等部分组成。特别设计的框架,为教师在实训中对学生的教学和指导提供了非常方便的平台。电气控制部分采用默纳克一体机控制系统,曳引机采用立式曳引机驱动,同时配套有相应的故障点设置,学生可以通过故障现象在装置上检测查找故障点的位置,并将其修复。学生也可以根据自动扶梯维护保养的要求进行维保实训。

YL-2170A 型自动扶梯维修与保养实训考核装置的研发,已作为全国机械行业职业院校技能大赛——"亚龙杯"职业院校机电类专业教师教学能力大赛电梯安装与维修赛项的指定竞赛设备,对电梯专业的建设与教学改革起到重要的引领作用。该设备解决了长期以来电梯教学设备实用性与教学操作性难以统一的矛盾,实现了真实的使用功能与整合的教学功能、完善的安全保障性能三者的完美统一。该设备的研发应有利于推动专业的建设与教改的深化,有利于在专业教学中实施任务驱动、项目教学和行动导向等具有职业教育特点的教学方法,有利于组织"做学教一体化"教学,达到更理想的教学效果。从而实现教学环境与工作环境、教学内容与工作实际、教学过程与岗位操作过程、教学评价标准与职业标准的"四个对接"。

(二)主要技术参数

1)工作电源:三相五线,AC 380V/220V×(1±7%),50Hz。

2)工作环境:温度-10~40℃;湿度<95%RH,无水珠凝结;海拔<1000m;环境空气中不应含有腐蚀性和易燃性气体。

3)扶梯提升高度:1000mm。

4)倾斜度:35°。

5)梯级宽度:800mm。

6)运行速度:≤0.5m/s。

7)额定功率:5.5kW。

8)额定电压:AC 380V,50Hz。

9)运行噪声:≤60dB。

10)外形尺寸:长×宽×高=9000mm×3300mm×3800mm。

11)安全保护:接地,漏电,过电压,过载,短路。

12)对安装场地的基本要求。

① 实训室空间要求:长×宽×高≥10m×5m×4.2m。

② 实训室入口的开门尺寸要求:宽×高≥3m×3m。

(三)结构和功能特点

本装置提供了一种实训教学与技能鉴定考核使用的自动扶梯,学习者可以根据自动扶梯维修规范要求,借助该装置对自动扶梯进行维修与保养实训操作。独特的钢结构平台,为教学人员在实训中的教学和指导提供了方便。在金属桁架两侧装有可方便拆卸的有机玻璃护板,方便学习者认识自动扶梯内部结构及运行原理,更适用于教学实训。电气控制部分采用目前主流的 VVVF 控制技术,控制系统包括驱动站控制箱、转向站配线箱、照明、安全开关、控制按钮和监控装置,均在上端部机房控制箱内,为教学提供了真实、便捷的实训环境。设备具有正常运行、检修运行、变频自起动运行、断相和错相保护、电动机过热保护等主要功能。在安全上,设备监控采用默纳克扶梯可编程安全系统,具有驱动链安全保护,错、断相保护，梯级链安全保护，扶手带进入保护，非操纵逆转保护，梳齿板安全保护，围裙板安全保护，梯级下陷保护，电动机过载保护，电路接地故障保护，扶手带断带保护，梯级缺失保护，扶手带速度监控，主机抱闸打开检测，检修盖板打开检测，梯级制停距离检测等安全辅助功能，还具有附加制动装置。

（四）可开设的主要实训项目（见表4-4）

表4-4　YL-2170A型自动扶梯维修与保养实训考核装置可开设的主要教学实训项目

序号	实训项目
1	自动扶梯的安全操作与使用实训
2	自动扶梯维修保养前基本安全操作实训
3	梯级的拆装操作实训
4	梳齿板的调整实训
5	梳齿前沿板的调整实训
6	扶手带张紧的调整实训
7	梯级链张紧的调整实训
8	驱动链的调整实训
9	制动器的调整实训
10	附加制动器的调整实训
11	自动扶梯日常维护保养实训
12	自动扶梯紧急救援实训
13	自动扶梯安全回路故障查找及排除实训
14	自动扶梯检修电路故障查找及排除实训
15	自动扶梯安全监控电路故障查找及排除实训
16	自动扶梯动力电路故障查找及排除实训
17	自动扶梯控制电路故障查找及排除实训

学习任务4.2　自动扶梯的安全使用与日常管理

任务目标

核心知识

1. 熟悉自动扶梯的安全操作规程；了解自动扶梯的安全使用知识。

2. 认识管理扶梯的相关规定。

核心能力

1. 能够掌握自动扶梯的操作规程；掌握自动扶梯的各种应急预案以及救援方法。

2. 能够掌握自动扶梯各种安全使用方法和自动扶梯的日常管理。

任务分析

通过本任务的学习，掌握自动扶梯在使用和维护保养工作中的安全操作规范及注意事项，养成良好的安全意识和职业素养。

知识准备

一、自动扶梯和自动人行道的安全使用要求

按照《中华人民共和国特种设备安全法》的规定，电梯属于特种设备。特种设备的生产（包括设计、制造、安装、改造、修理）、经营、使用、检验、检测，应由负责特种设备安全监督管理的部门进行监督管理。由于自动扶梯和自动人行道是运送乘客的设备，所以使用单位必须按照《中华人民共和国特种设备安全法》和相关法律法规的要求，建立相关的管理制度和机制，确保在使用过程中的人身和设备安全。必须做到以下几点：

1）使用单位应当在自动扶梯和自动人行道投入使用前或者投入使用后 30 日内，向负责特种设备安全监督管理的部门办理使用登记，取得使用登记证书。登记标志应当置于自动扶梯和自动人行道的显著位置。

2）使用单位应当建立岗位责任、隐患治理、应急救援等安全管理制度，制定操作规程，保证自动扶梯和自动人行道的安全运行。

3）使用单位应当建立自动扶梯和自动人行道安全技术档案。安全技术档案应当包括以下内容：①自动扶梯和自动人行道的设计文件、产品质量合格证明、安装及使用维护保养说明、监督检验证明等相关技术资料和文件；②自动扶梯和自动人行道的定期检验和定期自行检查记录；③自动扶梯和自动人行道的日常使用状况记录；④自动扶梯和自动人行道及其附属仪器仪表的维护保养记录；⑤自动扶梯和自动人行道的运行故障和事故记录。

4）使用单位应当对其使用的自动扶梯和自动人行道进行经常性维护保养和定期自行检查，并作出记录。维护保养应当由制造单位或者依照《中华人民共和国特种设备安全法》取得许可的安装、改造、修理单位进行。维护保养单位应当在维护保养中严格执行安全技术规范的要求，保证其维护保养的自动扶梯和自动人行道的安全性能，并负责落实现场安全防护措施，保证施工安全。维护保养单位应当对其维护保养的电梯的安全性能负责；接到故障通知后，应当立即赶赴现场，并采取必要的应急救援措施。

5）使用单位应当对自动扶梯和自动人行道的使用安全负责，设置设备的安全管理机构，配备专职的安全管理人员。设备安全管理人员应当对自动扶梯和自动人行道的使用状况进行经常性检查，发现问题应当立即处理；情况紧急时，可以决定停止使用并及时报告本单位有关负责人。设备作业人员在作业过程中发现事故隐患或者其他不安全因素，应当立即向设备安全管理人员和单位有关负责人报告；自动扶梯和自动人行道运行不正常时，特种设备作业人员应当按照操作规程采取有效措施保证安全。

6）使用单位应当将自动扶梯和自动人行道的安全使用说明、安全注意事项和警示标志置于易为乘客注意的显著位置。公众乘坐自动扶梯和自动人行道应当遵守安全使用说明和注意事项的要求，服从有关人员的管理和指挥；遇有运行不正常时，应当按照安全指引有序撤离。

7）使用单位应当按照安全技术规范的要求，在检验合格有效期届满前一个月向特种设备检验机构提出定期检验要求。使用单位应当将定期检验标志置于该特种设备的显著位置。未经定期检验或者检验不合格的不得继续使用。

8）拟停用 1 年以上的自动扶梯，使用单位应当按照 TSG 08—2017《特种设备使用管理规则》，采取有效的保护措施，并且设置停用标志，在停用后 30 日内填写《特种设备停用报废注销登记表》，告知登记机关。重新启用时，使用单位应当进行自行检查，到使用登记机关办理启用手续；超过定期检验有效期的，应当按照定期检验的有关要求进行检验。

二、使用自动扶梯和自动人行道的注意事项

1）在 GB 16899—2011 中明确了自动扶梯和自动人行道是机器，即使在非运行状态下，也不能当作固定楼梯和通道使用。

2）禁止在相邻扶手装置之间或扶手装置与邻近的建筑结构之间放置货物，以保持自动扶梯和自动人行道的出入口区域不被占用。并防止在自动扶梯和自动人行道附近有可能导致误用的布置。

3）在 GB 16899—2011 中明确规定：不允许在自动扶梯上使用购物车和行李车，因为这将导致危险状态；允许在自动人行道上使用合适的购物车和行李车。对于可以输送购物车和行李车的自动扶梯和自动人行道，以及所使用的购物车和行李车，也有明确的规定，具体可查阅该《规范》。

4）扶梯的上端部和下端部有一个红色的紧急停止按钮（见图 4-18），一旦发生意外，靠近按钮的乘客应第一时间按下按钮，扶梯就会自动停下；如果有乘客摔倒或被夹住，应该马上呼叫位于梯级出入口处的乘客或者值班人员，该人员应立即按动红色紧急制动按钮，使自动扶梯或自动人行道停止运行，以免造成更大的伤害。（注意：在按下紧急停止按钮之前，操作人员应当尽量确保没有人员正在使用自动扶梯和自动人行道，或知会梯上人员；而且在正常情况下，不能触动紧急停止按钮，严禁恶作剧，以免乘客因毫无防备发生事故。）

三、搭乘自动扶梯和自动人行道的规则

乘客搭乘自动扶梯和自动人行道应遵守以下规则：

1）在入口处要遵守秩序，不要推挤；不要在出入口逗留，如要等人应该站在旁边，以免对后面的乘客产生阻碍。

2）搭乘自动扶梯和自动人行道时，乘客应面朝扶梯的运行方向站立，手握住扶梯的扶手，如图 4-34 所示。注意不要因为与身边的人交谈而采取背对或侧身的姿势。

3）进入自动扶梯和自动人行道前应注意观察运行的方向，在踏上踏板和离开踏板时应注意安全，接近出口时要及时抬脚迈出；不要在自动扶梯上低头玩手机或干其他事情，应该观察前面的情况，不要等到快到出口才匆忙抬头，这样很容易因为惯性摔倒，而且前面有意外也不能及时发觉。

图 4-34　正确乘坐自动扶梯

4）不要对相邻自动扶梯（自动人行道）的乘客造成干扰。

5）不要在扶梯上行走，更不要在扶梯上逆向行走或在已停驶的扶梯上行走。这是因为：

① 在自动扶梯上行走（特别是在运行中的自动扶梯上行走）十分危险，因为办公和住宅楼楼梯的梯级高度一般为 15~16cm，阶距为 30~31cm，转换成角度约为 27°；而扶梯的梯级高度一般为 21cm，倾斜度为 30°~35°。人在高梯级高度、高倾斜度的扶梯上行走不习惯，容易踏空或者脚抬不到位而跌倒，而且在行走的过程中也容易因挤碰其他乘客而产生意外。

② 在自动扶梯上行走会造成扶梯受力不均匀和加速磨损，影响扶梯的使用寿命。因此应改变在自动扶梯上"左行右立"的习惯，不要在行驶或停驶的自动扶梯上走动（如果赶时间应走楼梯或搭乘直梯）；乘坐自动扶梯时应"均匀站立，扶好站稳"。

③ 不要在因停电或因故障停用的扶梯上行走，因为如果在上面行走时扶梯忽然起动，很容易造成意外。乘坐扶梯时应注意警示标志，有时扶梯虽然在运行，但是在前面放了维修标志（见图 4-35），也不能使用。

6）儿童和老弱病残人员搭乘自动扶梯（自动人行道）应注意：

① 应由有行为能力的成年人一手拉紧或挽扶搭乘，让孩子站在自己身体的前方或和自己平行的位置，如图 4-36 所示；陪乘的成年人也应用手扶紧扶手带，以免发生意外事故。

图 4-35 维修中的扶梯

图 4-36 儿童应由成年人陪乘

② 禁止将婴儿车、购物手推车、行李车等推上自动扶梯（见图 4-37），以免车子失去平衡造成滚落，甚至造成其他乘客受伤或设备损坏。一定要收好婴儿车，抱住婴儿才可上自动扶梯；若大人抱（背）小孩，注意不能超过 2.3m 标高（或专门标识高度）。需要时应搭乘垂直电梯或自动人行道。如果在自动扶梯的周围使用购物车或行李车，应设置适当的障碍物和警示标志阻止其进入扶梯。

③ 依靠拐杖、助行架和轮椅行走的乘客应去搭乘垂直电梯。

7）乘坐自动扶梯时，脚应站在梯级踏板四周黄线以内，不要太靠近梯级侧边站立（见图 4-38），以免鞋边碰到围裙板；并防止松散、拖曳的长裙，裤脚边，包带等物

图 4-37 禁止在扶梯上使用手推车

被梯级边缘、梳齿板等挂住或拖曳。

8）不要倚靠扶手侧立，以防衣物挂拽或损坏扶手装置；切忌将头部、肢体伸出扶手装置以外（见图4-39），以防受到障碍物、天花板、相邻的自动扶梯或倾斜式自动人行道的撞击，造成人身伤害事故。

图4-38　不要靠近梯级侧边站立

图4-39　身体不要伸出扶手带以外

9）允许在自动人行道上使用合适的购物车和行李车，但在自动人行道上使用的购物车和行李车以及车上物品的宽度和重量等应符合有关规定要求。

10）禁止利用自动扶梯或自动人行道运载物品。禁止乘客携带外形长或体积大的笨重物品乘用，以防碰及天花板、相邻的自动扶梯等而造成人身伤害或设备损坏（见图4-40a）；也不要把大件过重的物体放到梯级上（见图4-40b）。

a)

b)

图4-40　禁止在扶梯上运载物品

11）搭乘自动扶梯时乘客随身的箱包、手提袋等行李物品应用手提起携带（对于自动人行道可将其放在购物小推车内）；宠物应抱住，切勿放在梯级踏板上或扶手带上。

12）注意扶手装置的安全：

① 不要沿扶手带运行的反方向用外力阻止扶手带运行。

② 禁止用手或其他异物触及扶手带入口处，以防卷入（见图4-41）；也不要让手指、衣物接触两侧扶手带以下的部件。

③ 禁止用手翻抠扶手带的下缘，否则会影响扶手带的正常运行，损坏扶手装置部件，

或擦伤、挤伤手指。

④ 不能将小孩、行李放在扶手带上。

⑤ 严禁攀爬扶手装置。

13）自动扶梯和自动人行道运行时梳齿板是较为危险的部位，乘客应注意：

① 尽量避免手、身体、鞋子、衣裙、物品（特别是尖利硬物，如拐杖、雨伞尖端或高跟鞋尖跟等）插入梯级边缘的缝隙中或梯级踏板的凹槽中（见图 4-42），以免损坏梯级或梳齿板，并造成人身意外事故。

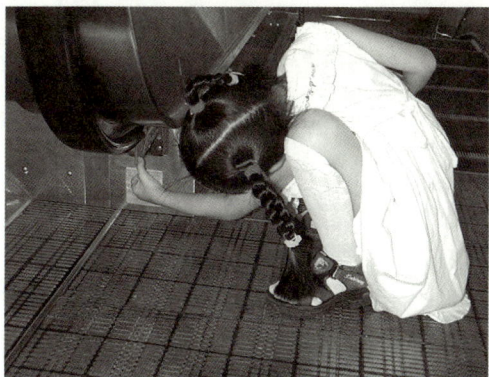

图 4-41　禁止手或其他异物触及扶手带入口处

图 4-42　不要将尖利硬物放到梯级上

② 不要在梯级上丢弃烟蒂，以防发生火灾。

③ 不要在梯级上丢弃果核、瓶盖、雪糕棒、口香糖、商品包装等杂物，以防损坏梳齿板。

④ 禁止赤脚搭乘扶梯，禁止蹲坐在梯级踏板上搭乘，因为当梳齿板有梳齿缺损、变形时，容易使脚部或臀部受到严重伤害。

⑤ 勿穿着松软的塑料鞋、橡胶鞋搭乘，或者穿鞋底沾有水、油等易使人滑倒的鞋子搭乘。

14）不要让儿童在扶梯上玩耍。

① 不要让儿童在扶梯上跑动（更不要逆向跑动）。

② 禁止儿童攀爬于扶手带或内盖板上搭乘。

③ 禁止儿童将扶手带或内、外盖板当作滑梯玩耍（见图 4-43a）；也不要在扶手带转向端附近玩耍、嬉戏（见图 4-43b），以防身体某个部位被夹在扶手带和地板之间。

15）在发生火灾、地震和水淹（如因大楼水管破裂）时禁止搭乘扶梯，应通过消防楼梯或其他安全出口疏散。

16）乘坐自动扶梯和自动人行道应当遵守安全使用说明和安全注意事项的要求，服从有关工作人员的管理

a)　　　　　　　　b)

图 4-43　不要在扶梯上玩耍

和指挥；遇有运行不正常或突发事件时，应当按照安全指引有序撤离。

📖 **阅读材料**

阅读材料4　自动扶梯和自动人行道管理的必要性和应急救援

一、自动扶梯和自动人行道的主要危险

1）多数自动扶梯和自动人行道上的危险状态是由于人员的滑倒和跌倒导致，其中包括：

① 在梯级、踏板或胶带上以及在梳齿支撑板和楼层板上滑倒。

② 扶手带的速度偏差（包括扶手带的停顿）导致的跌倒。

③ 运行方向改变导致的跌倒。

④ 由于加速或减速导致的跌倒；由于机器意外的起动或超速导致的跌倒。

⑤ 由于出入口的照明不足导致的跌倒。

2）此外，自动扶梯和自动人行道所特有的危险还包括：

① 梯级或踏板缺失。

② 被手动盘车装置卡住。

③ 运送除人员外的其他物品（例如购物车、行李车或手推车）。

④ 在扶手带上玩耍或爬上扶手装置的外侧。

⑤ 在扶手装置间滑行。

⑥ 翻越扶手装置。

⑦ 在扶手装置附近区域堆放物品。

⑧ 由于出入口或连续布置的自动扶梯或自动人行道中间出口封闭导致交通阻塞。

⑨ 相连自动扶梯或自动人行道的客流干扰。

⑩ 在扶手转向端被扶手带提起，从邻近的固定栅栏或扶手装置处跌落。

因此，应认识自动扶梯和自动人行道的结构特点、运行原理及特性，趋利避害，做好相应的防范措施以避免事故与伤害。

（据 GB 16899—2011《自动扶梯和自动人行道的制造与安装安全规范》4.9、4.10。）

二、事故案例分析

自动扶梯不同于垂直电梯，其大部分安装在地铁、机场、大型医院及购物中心等人流集中之处，这也使得媒体和公众对于其安全性的关注较垂直电梯更高。一旦发生事故，前者媒体曝光率远大于后者。虽然自动扶梯事故死亡率较电梯低，但由此对伤者产生的身体伤害以及心理阴影是巨大的，在社会上的不良影响也是非常严重的。而事故发生原因往往主要是乘客使用不当，常表现为乘客的自身疏忽和非故意的误操作。这类原因导致的意外大约占事故总数的92%。因此，加强自动扶梯的管理十分重要，可从下面两个事故案例中说明：

案例1

1. 事故经过

2005年某月某日晚，11岁的斌斌（化名）随母亲到书城购书。当母亲在3楼购书时，斌斌独自在自动扶梯上玩耍，当从 3 楼上 4 楼时，突然意外地从扶梯上翻出直坠至 1 楼而死亡。

2. 事故原因分析

1）家长没有对儿童起监护作用，让小孩独自在自动扶梯上玩耍；小孩在乘坐自动扶梯时身体伸出梯外造成坠落。

2）设备有安全隐患，该书城的每个楼层与自动扶梯之间均有 2 米宽的空隙，从 1 楼直通 4 楼，且扶手两侧没有任何防护装置。斌斌正是从这个空隙中从 3 楼直坠至 1 楼而死亡的。

案例 2

1. 事故经过

2005 年某月某日，某购物商场大量人员为抢购廉价商品而涌入由 1 楼上 2 楼的扶梯，使向上运行的扶梯突然逆转向下运行，造成大量乘客在下出入口挤压，多人被送往医院，其中 1 名因胸椎骨折而高位截瘫。

2. 事故原因分析

1）直接的原因是扶梯严重超载运行，其动力不能满足负载的制动力矩而发生逆转，制动器也无法停止运行而导致溜车。

2）商场的管理者没有履行管理职责采取有效措施防止扶梯超载。

三、自动扶梯的应急救援预案和应急救援方法

（一）自动扶梯的应急救援预案

按照《中华人民共和国特种设备安全法》和 TSG 08—2017《特种设备使用管理规则》，自动扶梯和自动人行道的使用单位应当制定设备事故的应急专项预案，每年至少演练一次，并且做出记录。在发生事故时，应当根据应急预案，立即采取应急措施，组织抢救，防止事故扩大，减少人员伤亡和财产损失，并且按照《特种设备事故报告和调查处理规定》的要求，向特种设备安全监管部门和有关部门报告，同时配合事故调查和做好善后处理工作。在发生自然灾害危及特种设备安全时，使用单位应当立即疏散、撤离有关人员，采取防止危害扩大的必要措施，同时向特种设备安全监管部门和有关部门报告。

应急救援预案演练的工作主要有：应急救援项目内容的选定、编制、审核、批准，演练前的人员组织、培训，器材的准备，过程记录、总结和归档等相关工作。

（二）自动扶梯应急救援操作步骤与要求

1. 注意事项

1）应急救援人员应在两人以上，应急救援小组成员均应持有相应的资格证书。

2）救援的同时要首先保证自身安全。

2. 应急救援的设备、工具、器材与资料

1）开启上（下）机房盖板专用工具、盘车手轮或盘车装置、开闸扳手等专用工具。

2）常用五金工具、万用表、手砂轮/切割设备、扳手、铁锤、撬杠等通用工具。

3）检修盒、照明器材、通信设备、单位内应急机构通讯录、安全防护用具、警示牌等。

3. 操作程序

1) 切断自动扶梯主电源。

2) 确认自动扶梯全行程之内没有无关人员或其他杂物。

3) 确认在扶梯上（下）入口处已有维修人员进行监护，并设置了安全警示牌。严禁其他人员进入自动扶梯。

4) 确认救援行动需要自动扶梯运行的方向。

5) 打开上（下）机房盖板，放到安全处。

6) 装好盘车手轮（固定盘车手轮除外）。

7) 一名维修人员将抱闸打开，另外一人将扶梯盘车手轮上的盘车运动方向标志与救援行动需要电梯运行的方向进行对照，缓慢转动盘车手轮，使扶梯向救援行动需要的方向移动，直到满足救援需要或决定放弃手动操作扶梯运行方法。

8) 关闭抱闸装置。

9) 按照操作规程与规范进行相应的事故处置，对受伤人员进行必要的扶助和保护措施。

10) 所有救援结束后，相关人员应按设备档案管理规定的要求填写《应急救援记录》，归入设备档案管理文件保存，并向上级领导部门报告。

（三）自动扶梯应急救援案例

案例 1：梯级发生断裂

1) 梯级发生断裂时，梯级下陷安全开关动作，扶梯应能停止运行。

2) 救援人员到达现场后，应在扶梯出入口处设置安全护栏，关闭自动扶梯总电源，并对受伤者进行紧急救护。

3) 由维修人员对故障进行检修；如需更换梯级，应同时检查扶梯整体结构是否有损坏。

4) 排除故障后，必须经过全面的检测检验，符合自动扶梯的安全技术要求后方可投入使用。

案例 2：驱动链条断链

1) 驱动链条断裂时，驱动链条断链安全开关动作，扶梯应能停止运行。

2) 救援人员应在扶梯出入口设置安全护栏，关闭扶梯总电源，并对受伤者进行紧急救护。

3) 由维修人员对故障进行检修；驱动链条修复或者更换时，应核对好规格和型号与原来的一致，同时应检查与驱动链条相关联的部件是否有损坏、松动或者磨损严重等问题存在。

4) 驱动链条修复或者更换好后，必须经过全面的检测检验，符合自动扶梯的安全技术要求后方可投入使用。

案例 3：制动器失灵

自动扶梯和自动人行道在正常运行时不会发生人员伤亡事故，但出现停电、急停回路断开等情况时可能会造成制动器失灵及扶梯向下滑车的现象，人多时会发生人员挤压事故，此时应立即封锁上端站，防止人员再次进入自动扶梯或自动人行道，并立即疏导底端站的乘梯人员。

案例 4：梯级与围裙板发生夹持事故

1）如果围裙板开关（安全装置）起作用：可通过反方向盘车方法救援。

2）切断自动扶梯主电源。

3）确认自动扶梯全行程之内没有无关人员或其他杂物。

4）确认在扶梯上（下）入口处已有维修人员进行监护，并设置了安全警示牌。严禁其他人员进入自动扶梯。

5）确认救援行动需要自动扶梯运行的方向。

6）打开上（下）机房盖板，放到安全处。

7）装好盘车手轮（固定盘车手轮除外）。

8）一名维修人员将抱闸打开，另外一人将扶梯盘车手轮上的盘车运动方向标志与救援行动需要电梯运行的方向进行对照，缓慢转动盘车手轮，使扶梯向救援行动需要的方向运行，直到满足救援需要或决定放弃手动操作扶梯运行方法。

9）关闭抱闸装置。

10）如上述方法无法进行应参照下列方法进行救援：

① 如果围裙板开关（安全装置）不起作用，应以最快的速度对内侧盖板、围裙板进行拆除或切割，救出受困人员。

② 如以上方法不能完成救援活动，应急救援小组负责人应向上级报告请求支援。

案例 5：扶手带发生夹持事故

1）扶手带入口处夹持乘客，可拆掉扶手带入口安全保护装置，即可放出夹持乘客。

2）扶手带夹伤乘客，可用工具撬开扶手带救出受伤乘客。

3）对夹持乘客的部件进行拆除或切割，救出受困人员。

4）如以上方法不能完成救援活动，应急救援小组负责人应向上级报告请求支援。

案例 6：梳齿板发生夹持事故

1）拆除梳齿板或通过反方向盘车方法救援。

2）切断自动扶梯主电源。

3）确认自动扶梯全行程之内没有无关人员或其他杂物。

4）确认在扶梯上（下）入口处已有维修人员进行监护，并设置了安全警示牌。严禁其他人员上（下）自动扶梯。

5）确认救援行动需要自动扶梯运行的方向。

6）打开上（下）机房盖板，放到安全处。

7）装好盘车手轮（固定盘车手轮除外）。

8）一名维修人员将抱闸打开，另外一人将扶梯盘车手轮上的盘车运动方向标志与救援行动需要电梯运行的方向进行对照，缓慢转动盘车手轮，使扶梯向救援行动需要的方向运行，直到满足救援需要或决定放弃手动操作扶梯运行方法。

9）关闭抱闸装置。

10）如上述方法无法进行应参照下列方法进行救援：

① 对梳齿板、楼层板进行拆除或切割，完成救援工作。

② 如以上方法不能完成救援活动，应急救援小组负责人应向上级报告请求支援。

四、自动扶梯和自动人行道的管理事项

（一）落实管理部门及管理人员

1）按照《中华人民共和国特种设备安全法》，自动扶梯和自动人行道的使用单位及其主要负责人应对其使用的自动扶梯和自动人行道安全负责。应当按照国家有关规定配备特种设备安全管理人员、检测人员和作业人员，并对其进行必要的安全教育和技能培训。

2）自动扶梯和自动人行道的安全管理人员、检测人员和作业人员应当按照国家有关规定取得相应资格，方可从事相关工作。

3）自动扶梯和自动人行道的安全管理人员、检测人员和作业人员应当严格执行安全技术规范和管理制度，保证特种设备安全。

（二）加强自动扶梯和自动人行道管理的措施

1. 建立健全完善的管理制度

自动扶梯和自动人行道之所以能够安全运行，必须依赖于健全完善可行的管理制度。而自动扶梯和自动人行道停运及发生安全事故的根本原因，就在于缺乏完善的管理制度。其中，维修人员岗位责任制，维修、保养交接班制度，日常维修保养制度，维修人员安全操作规程等都是建立相关制度时主要考虑的内容。自动扶梯（自动人行道）维修人员必须严格履行岗位责任制，遵守安全操作规程。值班人员要将自动扶梯运行情况、设备发生的故障及处理过程详细填写在交接班记录本上，以使接班的维修人员及时掌握情况。

1）新安装的自动扶梯和自动人行道的使用单位必须持特种设备检验机构出具的验收检验报告和安全检验合格标记，到所在地区的地（市）级以上特种设备安全监察机构注册使用登记，将安全检验合格标志固定在特种设备显著位置上后，方可以投入正式使用。

2）使用单位必须按期向自动扶梯和自动人行道所在地的特种设备检验机构申请定期检验，及时更换安全检验合格标志。自动扶梯和自动人行道的定期检验周期为一年，安全检验合格标志超过有效期的自动扶梯和自动人行道不得使用。

3）自动扶梯和自动人行道的维保人员应持有特种设备安全管理员证，经使用单位聘用后方能上岗。

4）自动扶梯和自动人行道的维保单位应有相应的许可资格证。

5）自动扶梯和自动人行道的起动钥匙应由专人保管。

6）自动扶梯和自动人行道正常运行时应有专人巡查。

7）每次检查、保养、修理后应进行记录。

8）自动扶梯和自动人行道应有起动及关停管理制度。

9）使用单位应制订发生事故采取紧急救援措施的细则。

10）应制订自动扶梯和自动人行道的检查维修制度。

2. 安全标志

按照 GB 16899—2011 的规定，自动扶梯和自动人行道应有以下的安全标志：

1）下列指令标志和禁止标志应设置在入口附近（见图4-44），如有需要可增加标志，如"不准运输笨重物品""赤脚者不准使用"等。

2）紧急停止按钮应为红色，并在该装置上或紧靠着它的地方标上"停止"字样。

3）在维护、修理、检查或类似的工作期间，自动扶梯或自动人行道的出入口处应设置

a) 小孩必须拉住　　b) 宠物必须抱着　　c) 握住扶手带　　d) 禁止使用手推车

图 4-44　自动扶梯的安全标志（一）

适当的装置拦住未经授权人员。该装置应标明"不准靠近"字样或采用"禁止通行"标志。

4）如果有手动盘车装置，在其附近应有操作使用说明，并且应明确地标明自动扶梯或自动人行道的运行方向。

5）在分离机房、驱动站和转向站的入口门上应有固定、明显的标志如"机器重地-危险""未经授权人员禁止入内"等。

6）对于自动起动式自动扶梯和自动人行道，应设置一个清晰可见的信号系统，如道路交通信号，以便向使用者指明自动扶梯或自动人行道是否可供使用及其运行方向。

7）安全标志的设计应符合 GB/T 2893.1—2013《图形符号　安全色和安全标志　第 1 部分：安全标志和安全标记的设计原则》和 GB/T 2893.3—2010《图形符号　安全色和安全标志　第 3 部分：安全标志用图形符号设计原则》的规定，标志的最小直径为 80mm，所有的标志、说明和使用须知应由经久耐用的材料制成，设置在醒目的位置，并且采用中文书写（必要时可同时使用几种文字），字体应清晰、工整。

部分安全标志如图 4-45 所示（资料来源于 GB 2894—2008《安全标志及其使用导则》和 GB/T 31200—2014《电梯、自动扶梯和自动人行道乘用图形标志及其使用导则》）。

3. 建立自动扶梯与自动人行道的管理档案

1）将自动扶梯出厂时带来的所有技术文件和图样进行编号并归档，妥善保管的同时还应便于查阅。在这些资料中，自动扶梯与自动人行道的使用维护说明书、电气控制原理图以及电气接线图应该放在醒目位置，以便日常维护保养随时查阅。

2）每年特种设备检验机构对自动扶梯与自动人行道的检验报告书、每次维修记录以及发生事故记录也应相应建立档案。

4. 加强自动扶梯和自动人行道维护保养监督管理工作

《中华人民共和国特种设备安全法》对电梯维保单位和维保人员进行了严格的要求，要求维护保养的作业人员必须经过专业培训、取得作业人员资格；维护保养过程应当严格执行安全技术规范要求，并落实现场防护措施，保证施工安全。接受监管部门定期或不定期深入开展自动扶梯质量安全风险排查整治工作，对排查中发现的问题，要责令相关单位立即落实整改措施，整改不到位的，要依法予以强制停用，对违法违规行为要依法予以严厉查处，切实保障扶梯安全运行，防止意外事故发生。

5. 提高自动扶梯和自动人行道维修人员素质

自动扶梯和自动人行道操作与维修保养人员的综合素质决定了其管理水平。相关单位要建立健全严格的人员管理制度，相关技术及管理人员要各尽其职。对于技术人员应严格遵守执证上岗制度，定期举行安全知识、法律法规等培训考核，强化检修人员专业素质。

禁止蹲或坐 No sitting	禁止攀爬骑 乘扶手带 No climbing or riding on handrail	禁止倚靠 No leaning
禁止头和肢体 伸到扶手带外 Do not lean over handrail	禁止运输笨重物品 Do not carry heavy goods	当心夹住衣物 Pay attention when wearing long dress

图 4-45　自动扶梯的安全标志（二）

五、自动扶梯和自动人行道的日常管理知识

为了使自动扶梯和自动人行道能够安全可靠运行，保护自动扶梯和自动人行道使用者的人身安全及延长自动扶梯和自动人行道的使用寿命，使用单位应当加强对自动扶梯和自动人行道的安全管理，严格执行特种设备安全技术规范的规定。

（一）自动扶梯管理员职责

1）自动扶梯和自动人行道管理员必须经过培训合格持有特种设备安全管理员证，经使用单位聘用后方能上岗。

2）进行自动扶梯和自动人行道运行的日常巡视，记录自动扶梯日常使用状况。

3）制定和落实自动扶梯和自动人行道的定期检验计划。

4）检查自动扶梯和自动人行道安全注意事项和警示标志，确保齐全清晰。

5）妥善保管自动扶梯和自动人行道钥匙及其安全提示牌。

（二）自动扶梯安全操作规范

1）自动扶梯和自动人行道必须由经过培训的人员操作，且必须是在空载时起动或停机。

2）自动扶梯和自动人行道运行前应确认梯级上无人站立及周围安全，当发现紧急情况时操作人员可以立即按紧急停止按钮。

3）钥匙必须指定专人保管，其他人不得携带和使用钥匙。

4）用钥匙开关起动扶梯时，若扶梯不能运行，则应检查一下电源总开关是否合上，以及控制箱上的主开关和维修控制开关等是否合上，若此时还不能起动，应该通知维修人员到场处理。

5）起动、停止自动扶梯（自动人行道）前先围闭上/下出入口；起动前应先按蜂鸣器，确认梯上无人，且整个踏板上没有异物存在，方可起动。

6）在需要改变自动扶梯（自动人行道）的运行方向时，必须在扶梯踏板上无乘客且完全停止后，才能进行改变运行方向的操作。

六、自动扶梯和自动人行道维保人员的安全操作规程

1）必须持证上岗，严禁酒后作业、带病作业、疲劳作业。

2）应穿工作服、工作鞋，戴安全帽，先检查使用的工具是否完好。

3）在自动扶梯上、下端部位置应设置有效三面围蔽护栏、"禁止人员进入"的警告防护栏。

4）在施工前应由专人负责用自动扶梯钥匙确认上、下机房的蜂鸣器及紧急停止按钮是否正常。

5）进入机房维修、保养时应先断开主电源，并在主电源开关处明显位置挂上"检修中，严禁合闸"的警告标志，进入自动扶梯桁架内作业前，应先切断电源，并按下机房紧急停止按钮。

6）共同作业时必须采用可靠的联络信号、做好应答并大声复述。

7）在桁架内作业时，所带工具及物品应在工作完毕后，清点齐全，带出桁架，确认所有工作人员均在桁架外后，自动扶梯方可起动。

8）起动自动扶梯和自动人行道前应先按蜂鸣器，确认梯上无人后方可起动。

9）自动扶梯和自动人行道钥匙必须指定专人操作。

10）检修运行的操作者应经常注意确认周围安全。

11）对于提升高度比较高的自动扶梯，作业负责人应做好安全保障措施。

12）在有空梯级的情况下作业的自动扶梯，必须确认作业人员已离开空梯级并退出所有梯级及梳齿板之外，严格执行应答制度，操作前按响蜂鸣器，作业人员方可以点动方式起动自动扶梯。离开时应断开主电源开关，并盖好机房盖板，设置护栏。

13）禁止单人在自动扶梯开口部位或开口部位周边及桁架内进行单独作业。

14）检修运行时，如果在拆除梯级的状态下运行，则不可从空梯级上通过。

15）手动张开制动器时，应使用专用工具。

16）保养作业时（除机房内作业外），如果要拆除盖板，要注意做好防护和安全措施。

17）自动运行、检修运行的操作规程：

① 自动运行是指自动扶梯的起动及运行方向的确定由操作人员转动钥匙开关来实现。

② 检修运行是指由维修人员在检修作业时对自动扶梯实行操控使其以检修速度运行的过程。

③ 自动运行与检修运行应遵守以下事项：

a. 应确认手动盘车工具是否已拆除，放回原位。

b. 作业负责人在起动自动扶梯前应确认作业人员及其他人员的安全状况。

c. 起动时应先确认周围的安全情况，按响蜂鸣器，切实执行应答和大声复述制度。

d. 操作者应密切注意周围的安全情况，确保安全的前提下再进行操作。

e. 有人在桁架内作业时，禁止检修运行及自动运行。

f. 自动扶梯有开口部位（机房未盖盖板或有空梯级）的情况下严禁自动运行。

18）准备维修作业时，应转换成检修状态；检修运行时，应遵守下述事项：

① 运行开始时的注意事项：

a. 上、下部的机房内应没有作业人员。

b. 梯级、梳齿板上应没有作业人员。

c. 确认桁架内没有作业人员。

d. 确认核准作业人员的人数并确认其全部处于安全状态。

e. 开始运行时，应先进行点动运行。

f. 运行过程中调查异常声音时，应注意活动部位。

② 出入机房以及进行作业时，应遵守以下规则：

a. 打开机房盖板前，应先停止自动扶梯运行，打开或关闭盖板时应使用专用工具，取起盖板时，应蹲下腰，以站稳姿势进行。但应注意防止夹到手指头或脚指头。进入机房时，应断开安全开关及主电源开关，将运行状态转到检修状态。

b. 切断主电源时，应挂上"严禁合闸"的标志牌。

c. 合上主电源前，应先确认桁架内是否有人。

③ 梳齿板周围的作业人员在进行作业时，应遵守以下规则：

a. 在楼面上进行检查、调整时，应注意开口部位，保持身体平稳，防止跌倒、坠落。

b. 搬运梯级等重物时，应装上盖板，封闭开口部防止滚落机房。

c. 拆除的盖板不可重叠放置。

④ 在拆、装梯级时，应遵守以下规则：

a. 张开制动器，应使用专用的工具进行。

b. 拆卸梯级应使用相应的工具。

c. 拿出梯级时，要注意防止夹伤手。

d. 搬运梯级时应先确认开口部及周围的路径状况。

e. 拆下的梯级应摆放在干净、平整的地面上，并注意不会妨碍通行和作业。

⑤ 出入桁架内以及在桁架内作业时，应遵守以下规则：

a. 在桁架内作业，作业前作业负责人应做好完全技术交底。作业完毕后须核准作业者人数，确认作业人员及所带工具、物品不在桁架内。

b. 作业负责人确认主电源和安全开关已经切断后方可开始作业。

c. 手动张开制动器的情况下，应切断主电源和安全开关，严格执行应答制度。

⑥ 盖板、围裙板或护壁板的拆卸、安装作业应遵守以下规则：

a. 作业负责人确认主电源和安全开关已经切断后方可开始作业。

b. 搬运围裙板或护壁板等时，应戴手套，防止手被毛刺割伤，并须确认开口部位及周围路径的状况，整齐地摆放在不会妨碍作业及第三者通行的地方。

c. 不要在盖板及梯级上放置工具、部件、小螺钉、护壁板等。

d. 检查扶手带的驱动轮、张紧轮等旋转物体或滑轮内外侧时，不许将身体的任一部位伸入轮轴内。

任务实施

步骤一：实训准备

1）准备实训设备与器材。

① 公共场所中各种实用的自动扶梯和自动人行道。

② YL-2170A 型教学用扶梯。

③ 如做"步骤三"，需准备相关的工具和器材（可参见"阅读材料4"）。

2）由指导教师对自动扶梯和自动人行道的使用和管理规定做简单介绍。

步骤二：自动扶梯使用和管理学习

学生以 3~6 人为一组，在指导教师的带领下：

1）到公共场所观察自动扶梯（自动人行道）的使用情况（注意观察有什么正确的和不正确的使用行为）。

2）认识（教学用）自动扶梯的各个部分，了解各部分的功能作用，并认真阅读《自动扶梯使用管理规定》或《乘梯须知》等，在教师的指导下学习正确使用和操作自动扶梯。

3）在教师指导下分组在教学用扶梯上模拟自动扶梯故障停止运行，进行处理。

4）将学习情况记录于表 4-5 中。

表 4-5　自动扶梯和自动人行道使用和管理学习记录表

序号	学习内容	相关记录
1	识读相关技术参数	
2	使用和管理要求	
3	模拟处理异常情况的过程记录	
4	其他记录	

注意：实训过程要注意安全，在公共场所组织教学的注意事项可见"任务1.1"的"任务实施"中的"相关链接"；有条件应在自动人行道进行学习。

步骤三：自动扶梯应急救援演练（选做内容）

1）学生分组，在教师指导下模拟演练自动扶梯发生某个故障时的应急救援过程。

2）学生分组，在教师指导下模拟演练自动扶梯某个部位发生挟持事故时的应急救援过程。

3）演练后分组讨论，每个人口述自动扶梯发生故障和事故时应急救援工作的主要任务、工作过程、基本要求与要点；再交换角色，重复进行。

注意：1）实训过程要注意安全。

2）有些操作（如盘车）若尚未学习，可暂不进行操作或由教师演示。

步骤四：总结和讨论

学生分组讨论：

1）学习自动扶梯和自动人行道管理的结果与记录。

2）口述所观察的自动扶梯模拟故障停止运行后进行处理的方法；再交换角色，反复进行。

评价反馈

根据学习任务完成情况先进行自我评价，然后进行小组互评，最后由教师评价，评价结果记录于表4-6中。

表 4-6　学习任务 4.2 评价表

评价内容	配分	评分标准	自评	互评	教师评
1. 安全意识	10分	1. 不遵守安全操作规范的要求（酌情扣 2~5 分） 2. 不按安全操作规范使用工具（扣 1~2 分） 3. 有其他的违反安全操作规范的行为（扣 1~2 分）			
2. 对自动扶梯使用和管理的学习	60分	1. 未能正确使用（操作）扶梯（每项扣 2~5 分） 2. 未能正确认识扶梯的管理规定（每项扣 2~5 分） 3. 未能正确处理扶梯出现的异常情况（酌情扣 2~5 分）			
3. 实训记录	20分	根据表 4-5 的记录是否正确和详细给分			
4. 职业规范和环境保护	10分	1. 在工作过程中,工具和器材摆放凌乱（扣 1~2 分） 2. 不爱护设备、工具,不节省材料（扣 1~2 分） 3. 在工作完成后不清理现场,工作中产生的废弃物不按规定处置（各扣 2 分,若将废弃物遗弃在井道内的可扣 4 分）			
合　　　计					

总评分 = 自评分×30%+互评分×30%+教师评分×40%

学习任务 4.3　自动扶梯的维护保养

任务目标

核心知识

了解自动扶梯日常维护保养的内容和要求。

核心能力

初步学会对自动扶梯进行维护保养。

任务分析

通过学习本任务，能了解自动扶梯维护保养的内容和要求，初步学会自动扶梯的维护保养。

知识准备

自动扶梯的维护保养

根据 TSG T5002—2017《电梯维护保养规则》，自动扶梯的维护保养同样分为半月、季度、半年和年度等四类，其维护保养的基本项目（内容）和要求可见《规则》的表 D-1~表 D-4。

子任务 4.3.1　自动扶梯的半月维护保养

知识准备

自动扶梯半月维保的内容与要求

如上所述，自动扶梯的维护保养分为半月保养、季度保养、半年保养和年度保养 4 种，其维护保养项目内容、具体要求在 TSG T5002—2017 中均有规定。其中半月保养是自动扶梯进行维护保养的基础项目，其具体保养内容、项目与要求如下：

1. 电器部件

1）断开主电源，检查清洁上下机房电气控制箱和接线箱。

2）断电检查接线是否松动，电气控制箱、变频器地线接地是否可靠，电线绝缘层有无破损、老化，线路是否整齐，是否无交叉、扭曲、打结现象；检查继电器、接触器动作是否正常可靠，检查熔体选配是否符合图样标注要求。

2. 故障显示板

观察故障显示板显示是否正常，检查故障码是否对应故障点（见图 4-16）。

3. 设备运行状况

1）用钥匙开关操纵自动扶梯以正常速度上、下运行，至少每个方向运行一个循环以上。

2）观察扶梯运行状况：乘坐自动扶梯上、下来回观察，每个方向至少一次，观察扶手带与梯级在运行过程中是否有异常的跳动、振动、抖动和刮碰现象。

3）注意检查上下运行时驱动站、转向站、梯级与上下梳齿之间、梯级与围裙板之间、梯级与梯级之间是否有异响。

4）观察扶手带与梯级速度是否同步。

5）在扶梯上下出口处观察梯级与梳齿板的啮合情况。

6）乘梯时观察梯级与围裙板或毛刷（胶条）的间隙。

4. 主驱动链

1）断开主电源，按照说明书的要求检查主驱动链的张力、滴油嘴与链条之间的位置、油嘴出油是否畅通。

2）检修状态按下紧急停止按钮，用螺钉旋具下压主驱动链断链保护开关的打杆（见图 4-46），将紧急停止按钮复位，检修不能运行；将主驱动链断链保护开关复位，检修运行正常，确认主驱动链断链保护开关有效。

5. 制动器机械装置

1）断开主电源，用毛扫或干净抹布将制动器、制动闸瓦等部位的灰

图 4-46　检查驱动链断链保护开关

电器部件

故障码显示板

设备运行状况

主驱动链

制动器机械装置

尘、杂物清理干净，防止油污侵入，如图 4-47 所示。

2）两人配合，其中一人手动松开制动抱闸，另一人检查制动器机械装置动作是否灵活可靠。

3）合上电源，松开紧急停止按钮，用检修模式上、下运行设备两次，观察制动装置动作是否正常。

6. 制动器状态监测开关

1）按下紧急停止按钮。

2）手动测试监测开关是否动作有效。

3）检查监测开关固定是否良好，必要时用螺钉旋具进行紧固，如图 4-48 所示。

图 4-47　清扫制动器

图 4-48　检查监测开关

4）检查配线绝缘层是否破损，配线连接是否紧固可靠。

5）插上检修盒（见图 4-21），松开紧急停止按钮，按检修模式操纵自动扶梯，观察制动器铁芯与监测开关是否同步，监测开关动作范围应在 1.6~2.0mm 范围内。

7. 减速机润滑油

1）断开主电源，拔出减速机油标尺（见图 4-49），用干净的抹布抹干净油标尺，再测量油量是否在油标尺刻度范围内；如果在下限外，应添加制造单位规定的润滑油。

2）查看减速机外表是否有漏油、渗油现象。

8. 电动机通风口

1）断开主电源，将电动机通风口滤网盖拆下移开，用毛扫或干净抹布将滤网积尘清理干净。

2）重新安装好通风口滤网盖。

9. 检修控制装置

1）插入检修盒，确认自动进入检修控制状

图 4-49　检查减速机油标尺

态运行：按住运行按钮，第一次按上（下）行按钮，电铃响；第二次按上（下）行按钮，电铃不响，扶梯运行；松开按钮，扶梯停止；再次运行，操作将从头开始。第一、二次按钮时间间隔不应超过 3s，如超时，第一次记忆将自动取消。

2）按动检修盒上行或下行按钮，观察设备是否与按钮所标识方向运行一致，松开按钮，观察设备是否立即停止运行，操作检修盒按钮应动作顺畅无卡阻。

10. 自动润滑油罐油位

1）断开主电源，检查自动润滑油罐油位是否在标线内，确保加到自动加油装置中的油必须符合使用说明书的要求，检查是否存在漏油现象，如图 4-50 所示。

2）目测检查油路系统的油路管道是否完好无损。

11. 梳齿板开关

1）检查确认压缩弹簧长度的参考值为 48~52mm。

2）按下紧急停止按钮，拆卸一块梳齿板，用螺钉旋具插入梯级与梳齿板之间，往前（箭头的方向）推动梳齿板使梳齿板开关动作，如图 4-51 所示。恢复紧急停止按钮，检修不能运行，将梳齿板开关复位后检修运行正常，确认梳齿板开关有效。

梳齿板开关

图 4-50　检查油罐

图 4-51　测试梳齿板开关

3）分别测试其他梳齿板开关，确认梳齿板开关全部有效。

12. 梳齿板照明

1）上下运行自动扶梯，目测梳齿板照明，应确保梳齿板照明正常。

2）在地面测出梳齿板相交线处的光照度至少为 50lx。

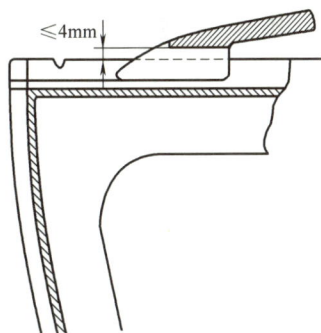

梳齿板照明

13. 梳齿板梳齿与踏板面齿槽、导向胶带

1）检查梳齿板梳齿是否有断齿。如有则更换该梳齿板，检查梯级导向胶带，应无损坏。

2）用楔形塞尺测量梳齿板底部到梯级槽面（间隙见图 4-52），通过调节梳齿前沿板的升降螺钉可以将间隙调整到不大于 4mm 范围内。

梳齿板梳齿与踏板面齿槽、导向胶带

14. 梯级或者踏板下陷开关

1）断开主电源，拆卸三级梯级，检修运行，将拆除梯级位置移至梯级下陷安全保护装置处。

2）将检测杆按逆时针方向拨动 90°（见图 4-53a），检修不能运行，将梯级下陷开关复位后检修运行正常，确认电气安全保护装置动作有效，如图 4-53b 所示。

梯级或踏板下陷开关

3）测量梯级与检测杆的间隙（参考值为 2~3mm）。

≤4mm

图 4-52　梳齿板底部到梯级槽面间隙示意图

15. 梯级缺失监测装置

1）断开主电源，在停梯状态下人为地拆去一个梯级，当扶梯运行到梯级缺失处时，扶梯停止运行。此故障为断电保持，未执行故障复位前，扶梯无法运行，如图 4-54 所示。

梯级或者踏板缺失监测装置

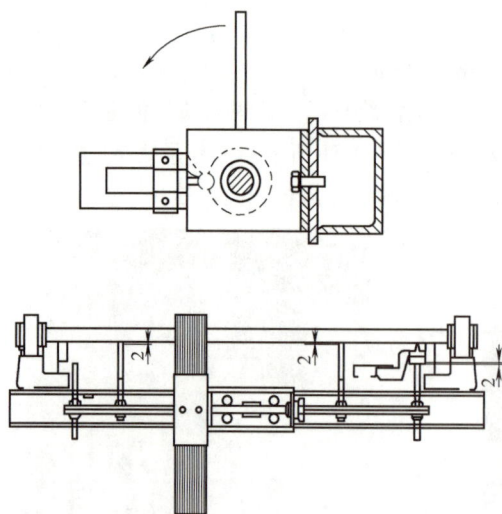

a) 梯级下陷开关示意图　　　　　　b) 测试梯级下陷开关

图 4-53　测试梯级下陷开关

图 4-54　拆去梯级进行测试

2）将缺失的梯级按要求安装好，按下复位按钮 3s 后，自动扶梯可恢复正常状态。

16. 超速或非操纵逆转监测装置

1）停梯状态下，将控制柜接线端子 28 及 29 调换，起动运行后系统会自动停车，安全功能控制器断开 1.2 倍和 1.4 倍安全继电器，附加制动器会失电动作。

2）此故障为断电保持，在未复位清除故障前，自动扶梯无法运行。在调换回接线端子 28 及 29 后，按下复位按钮 3s，自动扶梯可恢复正常状态。

17. 检修盖板和楼层板

1）在检修盖板和楼层板上走动，不会出现上下晃动、倾覆或者翻转。

2）打开检修盖板和楼层板，自动扶梯应停止运行，确认电气安全保护装置动作有效，如图 4-55 所示。

18. 梯级链张紧开关

1）断开主电源，手动检测开关是否动作有效，检查开关板螺栓、螺母是否固紧。

超速或非操纵
逆转监测装置

检修盖板和
楼层板

梯级链张紧
开关

2）压下行程开关，检修不能运行，将梯级链断链开关复位，检修运行正常，确认电气安全保护装置动作有效，如图 4-56 所示。

图 4-55　测试盖板开关

图 4-56　检查行程开关与限位开关板

3）检查行程开关与限位开关板的尺寸。

19. 防护挡板

1）目测防护挡板完整无破损、无锐利边缘，能有效防护确保人身安全，防护挡板固定牢固。

2）清洁挡板灰尘和污迹。

防护挡板

20. 梯级滚轮和梯级导轨

1）梯级滚轮应保持润滑良好，转动正常，梯级滚轮不应有破损等异常状况。

2）梯级导轨应保持清洁，梯级导轨不应有变形、局部磨损等异常状况。

3）打开上盖板，按下紧急停止按钮，插上检修盒。

4）检修运行，在上机房目测梯级滚轮，如果发现有磨损或损坏的轮子，在梯级上做好记号，在下机房拆卸梯级更换梯级滚轮。

梯级滚轮和梯级导轨

5）导轨清洁与导轨检查可以同时进行操作，当清洁到每段导轨驳接口处时，要详细检查接口是否平滑，接口不能有高低不平，如果有高低不平的状况，先紧固好固定螺钉再打磨至平滑。

6）试运行设备，观察是否还有异响。

21. 梯级、踏板与围裙板之间的间隙

1）扶梯运行时梯级不应与围裙板有摩擦、碰撞等异常状况。

2）在扶梯上段、中段、下段 3 个位置，使用斜塞尺测量同一级梯级与围裙板的间隙（取最大值），任何一侧的水平间隙不应大于 4mm，在两侧对称位置处测得的间隙总和不应大于 7mm。如图 4-57 所示（若自动扶梯提升高度较高，可适当增加测量位置）。

梯级、踏板与围裙板之间的间隙

22. 运行方向显示

用钥匙开关起动自动扶梯正常运行：

1）出、入口处的方向指示灯应与运行方向一致，当自动扶梯和自动人行道停止运行时，出入口指示灯显示红色。

2）方向指示灯应与装饰板保持平整、无损坏。

运行方向显示

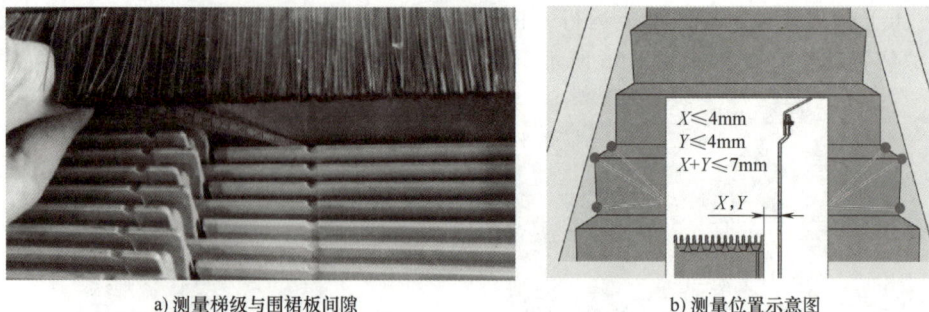

<table>
<tr><td>a) 测量梯级与围裙板间隙</td><td>b) 测量位置示意图</td></tr>
</table>

图 4-57　检查测量梯级与围裙板间隙

23. 扶手带入口保护开关

1）检查扶手带入口橡胶是否老化、变形或断裂。

2）检查扶手带与入口胶套间隙是否居中，运行时不允许互相刮碰。

3）检查扶手带入口安全保护装置与安全开关配线是否紧固良好。

扶手带入口
保护开关

4）检修运行，用手指轻推扶手带导向件，使之向出入口面板移动，压紧行程开关，自动扶梯应停梯，移开后，安全开关应能自动复位，如图 4-58 所示。

5）用毛刷清洁扶手带入口安全保护装置处的杂物灰尘。

24. 扶手带

1）将自动扶梯和自动人行道至少运行一个循环，目测扶手带表面是否有老化龟裂、新刮痕，驳接口是否开裂或损坏。

扶手带

2）检查扶手带在运行过程中是否与出入口处有刮碰。

25. 扶手带运行

1）起动自动扶梯正常运行，人站在梯级或踏板上双手握住扶手带，检查扶手带运行状况。

2）检查扶手带是否振动、抖动、跳动等，有无偏摆现象。

扶手带运行

3）检查扶手带与梯级速度是否同步，乘坐自动扶梯分别往上和往下运行，两手扶紧两侧扶手带，如图 4-59 所示。到达出口时两手臂不应该有滞后，也不应该过度超前。

图 4-58　测试扶手带入口安全开关

图 4-59　检查扶手带运行状况

4）检查扶手带温升是否过高、有烫手现象。

26. 扶手护壁板

1）目测检查扶手护壁板连接是否平滑，有无破损等状况。

2）检查玻璃表面是否有裂痕，边缘是否有破损现象。

3）用楔形塞尺测量两块玻璃之间间隙是否一致，如图4-60所示。

27. 上下出入口处的照明

检查灯架是否牢固，自动扶梯运行，目测上下出入口处的照明是否正常，如图4-61所示。

扶手护壁板

上下出入口
的照明

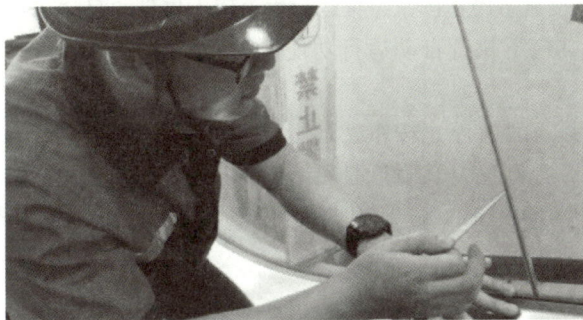

图4-60　检查护壁板玻璃间隙

图4-61　检查出入口照明

28. 上下出入口和扶梯之间保护栏杆

1）目测检查上下出入口和扶梯之间护栏是否有破损。

2）用手轻轻摇摆感觉上下出入口和扶梯之间的护栏是否紧固。

29. 出入口安全警示标志

1）目测检查自动扶梯出入口安全警示标志（见图4-62），合格证、使用登记证是否齐全、完好，是否贴在醒目位置，若有缺失或损坏，应立即补齐或更换。

2）检查使用登记证是否在有效期内。

上下出入口和扶
梯之间保护栏杆

图4-62　检查安全警示标志

出入口警示标志

30. 分离机房、各驱动站和转向站

1）驱动站、分离机房：

① 打开驱动站、分离机房，按下紧急停止按钮，断开主电源，拆下梯级防护板。

② 用抹布将分离机房、驱动站的相关部件（如主机、控制柜、主电源箱等）的表面擦拭干净。

③ 清洁灰尘、垃圾。

④ 完工后收集垃圾，用垃圾袋放到指定位置，清理工具，装回梯级防护板、恢复主电源及紧急停止按钮，试运行后合上盖板。

2）转向站：

分离机房、各驱
动站和转向站

① 打开转向站盖板，按下紧急停止按钮，拆下梯级防护板。

② 用抹布清洁转向站内的相关部件的表面。

③ 清扫、清洁干净灰尘、积水、集油盘废油，并将废油收集在专用废油桶装好，待统一处理。

④ 完工后清理工具，装回梯级防护板、恢复紧急停止按钮，试运行后合上盖板。

31. 自动运行功能

1）用钥匙开关起动扶梯进入自动运行状态。

2）扶梯处于待机运行状态，模拟设备到达入口设定的光电开关相交感应线内时，目测扶梯是否能自动起动和加速。

3）检查设备在自动运行状态下按紧急停止按钮停止运行后，应不再自动起动。

4）扶梯转为检修模式状态时，应不执行自动运行功能。

32. 紧急停止按钮

1）正常运行的自动扶梯，当按下紧急停止按钮，运行立即停止。

2）检查紧急停止按钮颜色是否为红色，其附近是否有清晰并且永久的中文与英文标识（见图 4-18）；检查紧急停止按钮的各端子是否紧固。

33. 驱动主机的固定

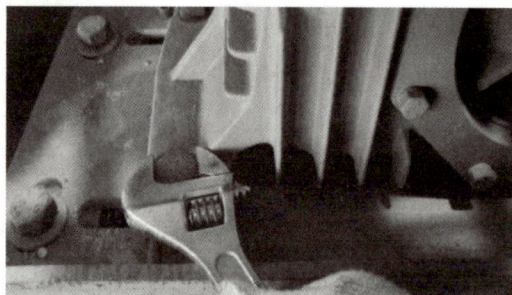

1）检查驱动主机是否有位移，用扳手拧紧驱动主机固定螺栓和限位螺栓，如图 4-63 所示。

图 4-63　拧紧驱动主机固定螺栓和限位螺栓

2）检查驱动主机运行时是否有异常的振动和噪声。

任务实施

步骤一：学习准备

1）指导教师对学生进行分组，并进行安全与操作规范的教育。

2）检查需使用的教学设备（如 YL-2170A 型教学扶梯），准备好所需的工具和器材。

3）按照"学习任务 1.2"的规范要求做好维修保养前的准备工作，并设置安全防护栏及安全警示标志（可参见图 1-31、图 4-35）。

4）向相关人员（如管理人员、乘用人员）询问扶梯的使用情况。

步骤二：半月维护保养操作

1）打开盖板、按下紧急停止按钮，关闭电源，接入检修盒，并挂上警示牌。

2）按照 TSG T5002—2017《电梯维护保养规则》"自动扶梯半月维护保养项目（内容）

和要求"表 D-1 中所列的 33 个项目进行半月维护保养工作。

　3）完成维护保养工作后，检查收拾工具，将扶梯恢复正常运行，并取走安全护栏。

步骤三：填写半月维护保养记录单

维护保养工作结束后，维护保养人员应填写维护保养记录单，见表 4-7。

表 4-7　自动扶梯半月维护保养记录单

序号	维护保养项目（内容）	维护保养基本要求	完成情况	备注
1	电器部件	清洁，接线紧固		
2	故障显示板	信号功能正常		
3	设备运行状况	正常，没有异常声响和抖动		
4	主驱动链	运转正常，电气安全保护装置动作有效		
5	制动器机械装置	清洁，动作正常		
6	制动器状态监测开关	工作正常		
7	减速机润滑油	油量适宜，无渗油		
8	电动机通风口	清洁		
9	检修控制装置	工作正常		
10	自动润滑油罐油位	油位正常，润滑系统工作正常		
11	梳齿板开关	工作正常		
12	梳齿板照明	照明正常		
13	梳齿板梳齿与踏板面齿槽、导向胶带	梳齿板完好无损，梳齿板梳齿与踏板面齿槽、导向胶带啮合正常		
14	梯级或者踏板下陷开关	工作正常		
15	梯级缺失监测装置	工作正常		
16	超速或非操纵逆转监测装置	工作正常		
17	检修盖板和楼层板	防倾覆或者翻转措施和监控装置有效、可靠		
18	梯级链张紧开关	位置正确，动作正常		
19	防护挡板	有效，无破损		
20	梯级滚轮和梯级导轨	工作正常		
21	梯级、踏板与围裙板之间的间隙	任何一侧的水平间隙及两侧间隙之和符合标准值		
22	运行方向显示	工作正常		
23	扶手带入口处保护开关	动作灵活可靠，清除入口处垃圾		
24	扶手带	表面无毛刺，无机械损伤，运行无摩擦		
25	扶手带运行	速度正常		
26	扶手护壁板	牢固可靠		
27	上下出入口处的照明	工作正常		
28	上下出入口和扶梯之间保护栏杆	牢固可靠		

（续）

序号	维护保养项目(内容)	维护保养基本要求	完成情况	备注
29	出入口安全警示标志	齐全,醒目		
30	分离机房、各驱动和转向站	清洁,无杂物		
31	自动运行功能	工作正常		
32	紧急停止按钮	工作正常		
33	驱动主机的固定	牢固可靠		

维修保养人员：　　　　　　　　　　　　　　　　　　　日期：　　年　　月　　日

使用单位意见：

使用单位安全管理人员：　　　　　　　　　　　　　　　日期：　　年　　月　　日

注：完成情况（完好打√，有问题打×，若有维修在备注栏说明）。

子任务 4.3.2　自动扶梯的季度维护保养

知识准备

自动扶梯季度维护保养的内容与要求

自动扶梯的季度维护保养是指扶梯每使用 3 个月需要进行的一项较为综合的维护保养。自动扶梯的季度维护保养项目在半月保养项目的基础上，增加了对扶手带的运行速度、梯级链张紧装置、梯级轴衬、梯级链润滑、防灌水保护装置等部件的维保。具体的内容与要求如下：

1. 扶手带的运行速度

使用同步率测速仪分别测量左右扶手带的速度，扶手带运行速度相对于梯级、踏板或者胶带的速度允差为 0~2%，如图 4-64 所示。

2. 梯级链张紧装置

1）打开转向站盖板，按下紧急停止按钮，拆出梯级防护板。

2）检查张紧装置各连接部件应完好无损，若有部件损坏应及时更换。

3）检查弹簧支架座是否固定良好，梯级链张紧装置与螺纹拉杆的销轴是否连接可靠。

图 4-64　测量扶手带的运行速度

4）检查梯级链张紧弹簧是否产生受力变形或有裂纹及拉杆螺纹是否有磨损。

5）检查梯级链张紧度是否正常，如果出现松弛现象时，应对张紧装置进行调整，如图 4-65 所示。

6）装回挡尘板，恢复紧急停止按钮试运行正常后，盖上盖板。

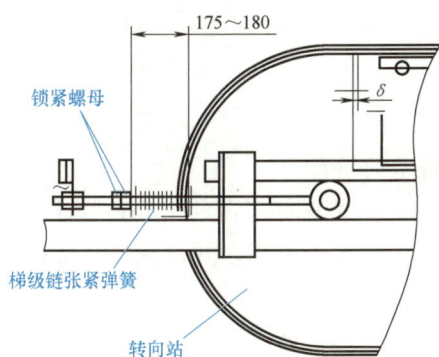

a) 张紧弹簧尺寸示意图(单位:mm)　　　　b) 调整张紧弹簧

图 4-65　检查及调整梯级链张紧装置

3. 梯级轴衬

1）打开转向站盖板，按下紧急停止按钮，插上检修盒，打开防护罩。

2）检修运行，在梯级反转位处目测检查，观察梯级在反转位时是否正常。

3）当梯级反转时有异响，按下紧急停止按钮断开主电源，将有异响梯级拆出，检查轴衬是否磨损严重或损坏造成卡阻现象，如图 4-66 所示。如果严重磨损或损坏应及时更换，转动不灵活，可以通过加润滑油，用手转动灵活后再将梯级重新装好。

4. 梯级链润滑

1）打开驱动站盖板，按下紧急停止按钮，插上检修盒，打开防护罩。

2）按检修模式运行，目测检查梯级链是否有锈蚀、缺油、断裂和磨损现象。

3）检查自动供油油嘴位置（见图 4-67），手动供油观察油嘴出油量，确保梯级链润滑良好。

图 4-66　检查轴衬

图 4-67　检查油嘴位置

4）拆掉检修盒，装回防护罩，恢复紧急停止按钮，盖上驱动站盖板，恢复运行。

5. 防灌水保护装置

1）打开转向站盖板，按下紧急停止按钮。

2）打开水井防护罩，按检修模式运行，动作防灌水保护装置，检查该装置是否正常动作。

3）测试水位检测装置的动作是否灵活、有效。

任务实施

步骤一：学习准备

1）指导教师对学生进行分组，并进行安全与操作规范的教育。

2）检查需使用的教学设备（如 YL-2170A 型教学电梯），准备好所需的工具和器材。

3）按照"学习任务 1.2"的规范要求做好维修保养前的准备工作，并设置安全防护栏及安全警示标志（可参见图 1-31、图 4-35）。

4）向相关人员（如管理人员、乘用人员）询问扶梯的使用情况。

步骤二：季度维护保养操作

1）打开盖板、按下紧急停止按钮，关闭电源，接入检修盒，并挂上警示牌。

2）按照 TSG T5002—2017《电梯维护保养规则》"自动扶梯季度维护保养项目（内容）和要求"表 D-2 中所列的 5 个项目进行季度维护保养工作。

3）完成维护保养工作后，检查收拾工具，将扶梯恢复正常运行，并取走安全护栏。

步骤三：填写季度维护保养记录单

维护保养工作结束后，维护保养人员应填写维护保养记录单，见表 4-8。

表 4-8　自动扶梯季度维护保养记录单

序号	维护保养项目(内容)	维护保养基本要求	完成情况	备注
1	扶手带的运行速度	相对于梯级、踏板或者胶带的速度允差为 0~2%		
2	梯级链张紧装置	工作正常		
3	梯级轴衬	润滑有效		
4	梯级链润滑	运行工况正常		
5	防灌水保护装置	动作可靠（雨季到来之前必须完成）		

维修保养人员：　　　　　　　　　　　　　　　　　　　日期：　　　年　　　月　　　日

使用单位意见：

使用单位安全管理人员：　　　　　　　　　　　　　　　日期：　　　年　　　月　　　日

注：完成情况（完好打√，有问题打×，若有维修在备注栏说明）。

子任务 4.3.3　自动扶梯的半年维护保养

知识准备

自动扶梯半年维护保养的内容与要求

自动扶梯的半年维护保养是指自动扶梯在每使用半年需要进行的一项综合的维护保养。自动扶梯的半年维护保养项目在季度保养项目的基础上，增加了对制动衬厚度、主驱动链、主驱动链链条滑块等部件的维保。具体的保养内容与要求如下：

1. 制动衬厚度

1）打开驱动站盖板，按下紧急停止按钮，断开主电源。

2）检查制动衬固定是否可靠，制动臂转动是否灵活。

3）用钢直尺测量制动器的制动衬厚度，如果小于原厚度的 70%，则应予更换，如图 4-68 所示。

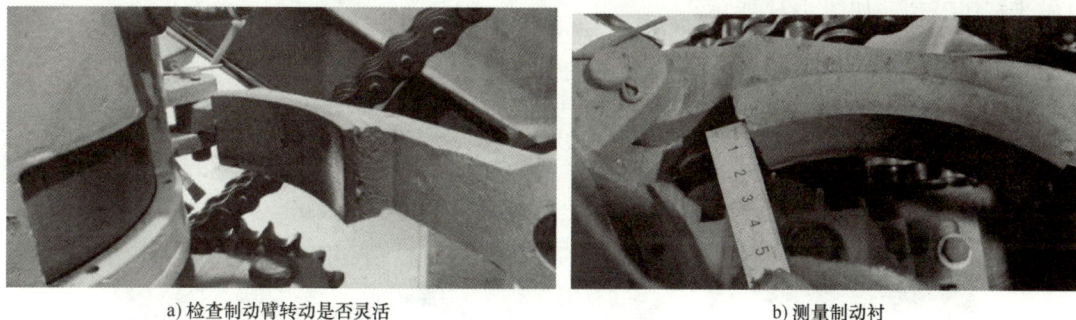

a) 检查制动臂转动是否灵活

b) 测量制动衬

图 4-68   检查测量制动衬

4）检查制动衬与制动轮表面，应清洁、无油污，制动轮与制动衬接触面应光滑。

2. 主驱动链

1）断开电源，清理主驱动链表面的油污，并进行润滑。

2）检查主驱动链有无裂纹、锈蚀、缺油和连接件是否灵活。

3）检查主驱动链的张紧程度。驱动链的张紧程度以自动扶梯上行时链条松边下垂量的参考值在 10~14mm 之间为宜，如图 4-69 所示。

3. 主驱动链链条滑块

1）目测主驱动链链条滑块接触是否良好，否则应进行调整。

2）目测检查滑块磨损情况，如果磨损量超过制造单位要求，则予以更换，如图 4-70 所示。

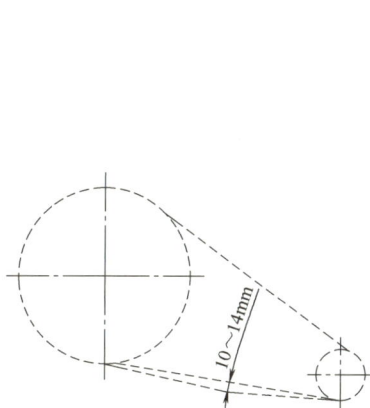

图 4-69   主驱动链张紧程度示意图

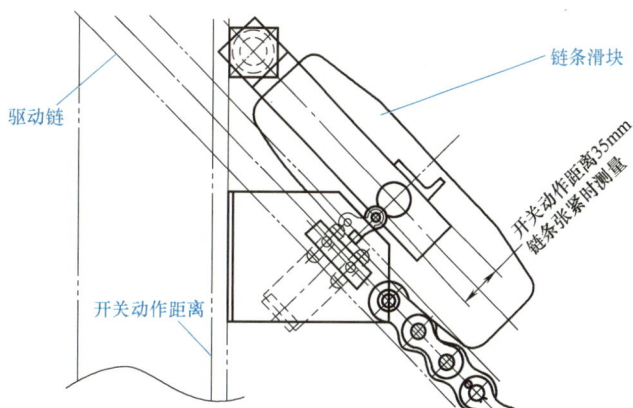

图 4-70   检查主驱动链链条滑块

3）用干净抹布将滑块表面清洁干净。

4. 电动机与减速机联轴器

1）断开主电源，观察电动机与减速机联轴器连接是否无松动，弹性元件外观是否良好，有无老化等现象。

2）电动机转动时无异常振动、撞击和异响。

5. 空载向下运行制动距离

1）用胶带标记梯级和围裙板在同一位置。

2）检修运行，先让自动扶梯上行，然后下行。当梯级和围裙板上的标记点吻合时按紧急停止按钮停梯，如图4-71所示。

a) 梯级和围裙板相对应的位置做标记 b) 测量制动距离

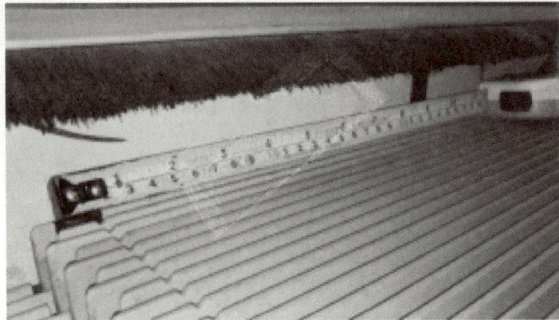

图4-71 测试制动距离

3）测量两个标记之间的距离。扶梯在空载和有载向下运行时的制停距离应符合相关要求。

4）制动距离过大或过小可以通过调节制动器制动弹簧进行调整：制动距离过大，则调紧弹簧；过小则调松弹簧。

6. 制动器机械装置

1）制动器各转动部位的润滑良好，检查螺栓是否紧固有效，无松脱。

2）两人配合，一人手动松开抱闸，另一人检查制动器机械装置各转动部位是否灵活，用塞尺测量制动瓦与制动轮的间隙是否符合要求（应为0.35～0.70mm），制动器处于抱闸状态时，制动轮与制动衬的接触面应不少于80%，可通过磁芯的伸缩行程进行相应调整。

3）插上检修运行装置，点动运行自动扶梯，检查制动器的开闸和闭合是否同步。

4）检查制动衬，磨损量超过制造单位要求的则应进行更换。

7. 附加制动器（见图4-72）

1）断开主电源，对附加制动器运动部件进行润滑和清洁。

2）断开主电源时观察制动块能否立即可靠地在弹簧力的作用下弹出。然后开启主电源，观察制动块能否在电磁力的作用下完全收起，确认制动块收放有无卡阻现象，连接件无松动。

3）断开主电源，1名维保人员张开驱动主机的制动器并保持，另1人盘车使梯级缓慢向下转动，当制动块卡住主驱动轮盘上的挡块，扶梯则不能继续往下盘动。确认附加制动器有效。

4）向上盘车即可将附加制动器的制动块复位。

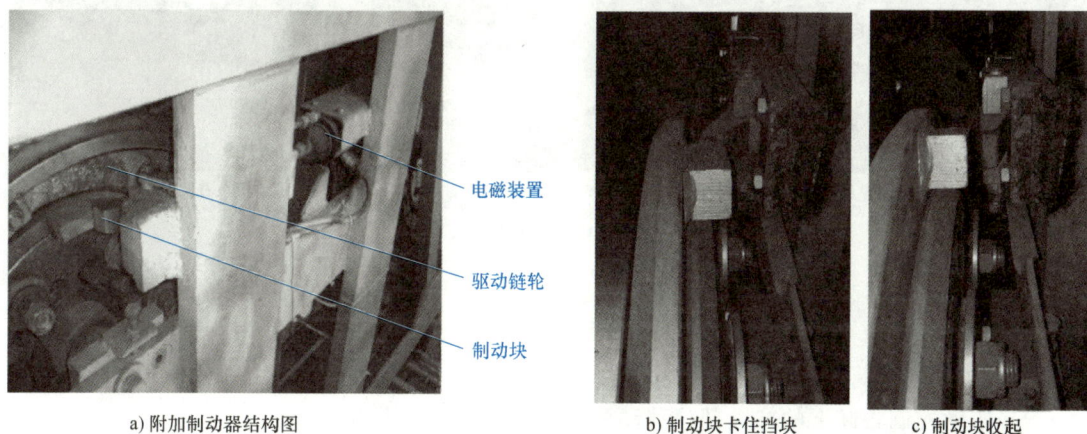

电磁装置

驱动链轮

制动块

a) 附加制动器结构图　　　　　　　　　　　b) 制动块卡住挡块　　　　c) 制动块收起

图 4-72　检查附加制动器动作状态

8. 减速机润滑油

1）断开主电源，拔出油标尺，用干净抹布将油标尺抹干净后，再次测量油量是否在刻度范围内，如果油量在油标尺刻度范围的下限外，则需按制造单位规定的油品添加润滑油。

2）目测检查减速机输出、输入轴油封是否渗油。

3）打开减速机注油口盖，检查油的黏度和上次换油的时间，按厂家规定的期限换上合格的润滑油，如图 4-73所示。

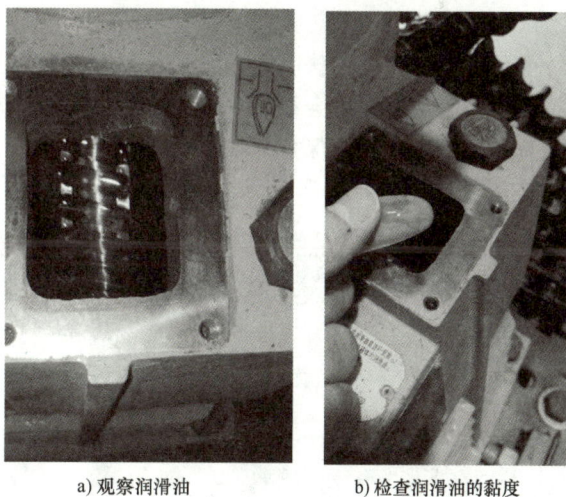

a) 观察润滑油　　　　b) 检查润滑油的黏度

图 4-73　检查润滑油

9. 调整梳齿板梳齿与踏板面齿槽啮合深度和间隙

1）打开驱动站盖板，按下紧急停止按钮，插上检修盒。

2）用楔形塞尺测量踏板面齿槽与梳齿板梳齿的啮合深度是否不小于 4mm，若小于4mm，可按下述步骤进行调整。

① 拆除围裙板，调整梳齿前沿板两端垂直螺栓的高低，使梳齿与齿槽的啮合深度不小于 4mm，如图 4-74a 所示。

② 调整梳齿前沿板两端横向螺栓的左右移动，将梳齿板梳齿调整到踏板面齿槽中间，两边间隙相当，如图 4-74b 所示。

③ 松开紧急停止按钮，以检修速度运行设备，确保梳齿板梳齿与踏板面齿槽不应有摩擦。

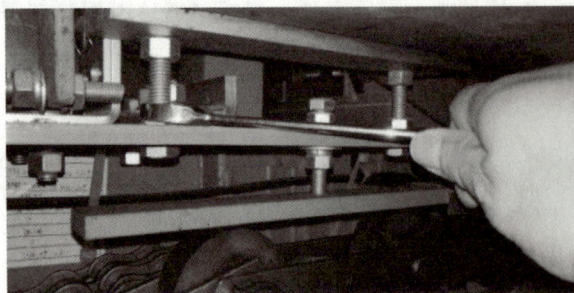

a) 调整梳齿板的高低位置 b) 调整梳齿板左右位置

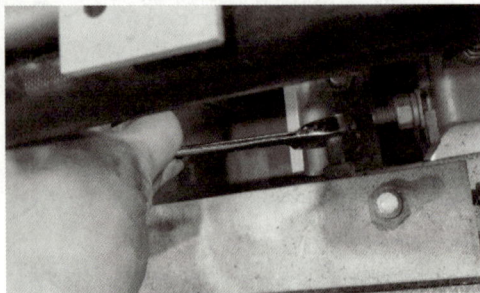

图 4-74 调整梳齿板

3）调整完毕后，做相应的恢复。

10. 扶手带张紧度张紧弹簧负荷长度

1）断开主电源，按下紧急停止按钮，插上检修盒，拆除3个连续梯级。

2）点动控制将卸下的梯级部位移动到扶手带驱动链正上方。

3）检查张紧弹簧的长度。弹簧的张紧长度需控制在55~60mm范围内，如图4-75所示。

4）重新装好拆卸的部件，先检修试运行，然后正常状态试运行。

11. 扶手带速度监控系统

现场检测时可以将扶手带人为放松或用足够的外力使其部分打滑，达到欠速状态，在扶梯起动达到额定速度后会检测到扶手带欠速，扶梯停车，安全功能控制器断开1.2倍安全继电器。此故障为非断电保持，扶梯无法运行。断开电源或按下复位按钮，同时保持3s，即可恢复正常，如图4-76所示。

图 4-75 测量张紧弹簧长度

图 4-76 扶手带测速装置

12. 梯级踏板加热装置

检查梯级踏板加热装置接线是否牢固，触发温度感应器测试加热装置是否有效（此装置在冬季到来之前必须完成测试）。

任务实施

步骤一：学习准备

1）指导教师对学生进行分组，并进行安全与操作规范的教育。

2）检查需使用的教学设备（如 YL-2170A 型教学扶梯），准备好所需的工具和器材。

3）按照"学习任务 1.2"的规范要求做好维修保养前的准备工作，并设置安全防护栏及安全警示标志（可参见图 1-31、图 4-35）。

4）向相关人员（如管理人员、乘用人员）询问扶梯的使用情况。

步骤二：半年维护保养操作

1）打开盖板、按下紧急停止按钮，关闭电源，接入检修盒，并挂上警示牌。

2）按照 TSG T5002—2017《电梯维护保养规则》"自动扶梯半年维护保养项目（内容）和要求"，表 D-3 中所列的 12 个项目进行半年维护保养工作。

3）完成维保工作后，检查收拾工具，将扶梯恢复正常运行，并取走安全护栏。

步骤三：填写半年维护保养记录单

维护保养工作结束后，维护保养人员应填写维护保养记录单，见表 4-9。

表 4-9　自动扶梯半年维护保养记录单

序号	维护保养项目（内容）	维护保养基本要求	完成情况	备注
1	制动衬厚度	不小于制造单位要求		
2	主驱动链	清理表面油污，润滑		
3	主驱动链链条滑块	清洁，厚度符合制造单位要求		
4	电动机与减速机联轴器	连接无松动，弹性元件外观良好，无老化等现象		
5	空载向下运行制动距离	符合标准值		
6	制动器机械装置	润滑，工作有效		
7	附加制动器	清洁和润滑，功能可靠		
8	减速机润滑油	按照制造单位的要求进行检查、更换		
9	调整梳齿板梳齿与踏板面齿槽啮合深度和间隙	符合标准值		
10	扶手带张紧度张紧弹簧负荷长度	符合制造单位要求		
11	扶手带速度监控系统	工作正常		
12	梯级踏板加热装置	功能正常，温度感应器接线牢固（冬季到来之前必须完成）		

维修保养人员：　　　　　　　　　　　　　　　　　　　　　日期：　　年　　月　　日

使用单位意见：

使用单位安全管理人员：　　　　　　　　　　　　　　　　　日期：　　年　　月　　日

注：完成情况（完好打√，有问题打×，若有维修在备注栏说明）。

子任务 4.3.4　自动扶梯的年度维护保养

知识准备

自动扶梯年度维护保养的内容与要求

自动扶梯的年度维护保养是指自动扶梯每使用一年需要进行的一项综合的维护保养。自动扶梯的年度维护保养项目在半年保养项目的基础上，增加了对主接触器，主机速度检测功能，电缆，扶手带托轮、滑轮群、防静电轮等部件的维保。具体的保养内容与要求如下：

1. 主接触器

1）打开驱动站盖板，断开主电源，打开电气控制箱。

2）清洁电气控制箱及主接触器表面灰尘，检查并紧固主接触器与接线端子。

3）接通电源，起动设备以正常速度运行，观察主接触器吸合与释放是否正常，运行工作时是否有异响。

4）停止设备运行，断开主电源，检查主接触器表面应无异常升温，当主接触器工作时有异声或异常温升时应及时修理或更换。

2. 主机速度检测功能

1）检查主机速度检测装置是否紧固（见图4-77）。

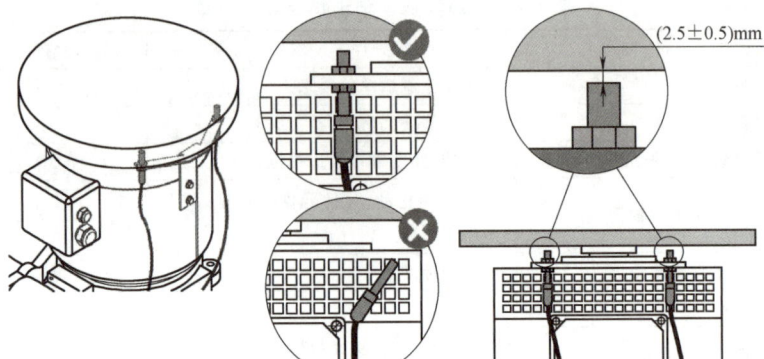

图 4-77 主机速度检测装置示意图

2）清洁电感式接近开关的污迹，检查感应间隙符合制造单位要求。

3）将其中一个测速装置移位，扶梯应不能运行。

3. 电缆

1）检查电缆是否紧固良好，必要时要进行固定，清洁电缆表面灰尘。

2）检查电缆是否老化和破损，如图4-78所示。

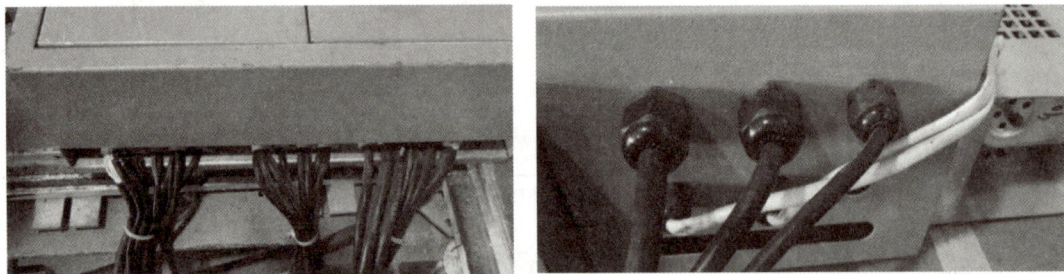

图 4-78 检查电缆

3）接通电源，起动设备运行10min，停止后用手摸，感觉电缆是否有异常温升。

4. 扶手带托轮、滑轮群和防静电轮

1）打开驱动站盖板，按下紧急停止按钮，断开主电源；拆除旁侧板，必要时拆开一段扶手带。

手带托轮、滑轮群和防静电轮表面的灰尘。

手带托轮、滑轮群和防静电轮是否有变形或损伤，如图 4-79 所示。

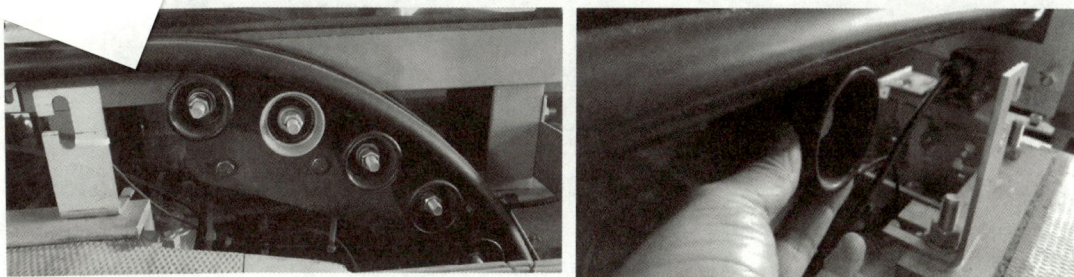

图 4-79　检查扶手带托轮、滑轮群和防静电轮

4）用手转动每个扶手带托轮、滑轮群和防静电轮，感觉是否转动灵活，无卡阻，无异响。

5. 扶手带内侧凸缘处

1）检查扶手带内侧无磨损情况，清洁扶手导轨滑动面的污迹和灰尘。

2）检查扶手带导轨连接口是否紧固与平滑。

3）扶手导轨内部的连接件不能超过扶手导轨顶面与侧面，如图 4-80 所示。

6. 扶手带断带保护开关

1）断开主电源，将扶手带断带保护开关位置侧板拆除。

2）检查扶手带断带保护开关是否紧固可靠，与扶手带配合间距是否正常。

3）人为动作扶手带断带保护开关，检查其功能是否正常有效，如图 4-81 所示。

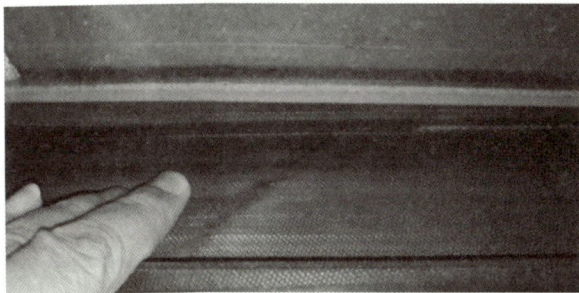

图 4-80　检查扶手带接驳处

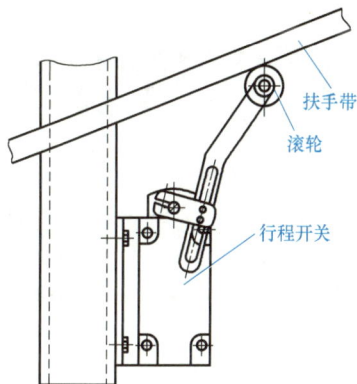

图 4-81　扶手带断带保护开关

7. 扶手带导向块和导向轮

1）拆除侧板，清除扶手带导向块和导向轮灰尘和污迹。

2）检查导向块和导向轮应无过量磨损，扶手带导向装置如图 4-82 所示。

3）用手转动扶手带导向轮，导向轮转动应灵活，无卡阻，无异响等现象。

8. 进入梳齿板处的梯级与导轮的轴向窜动量

1）起动自动扶梯正常运行，目测检查梯级进入梳齿板处导轮时的状态，应平稳无抖动，无异响。

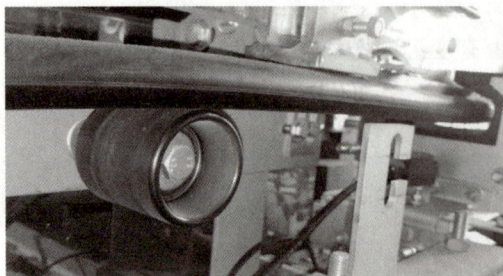

a) 扶手带导向轮　　　　　　b) 扶手带导向块

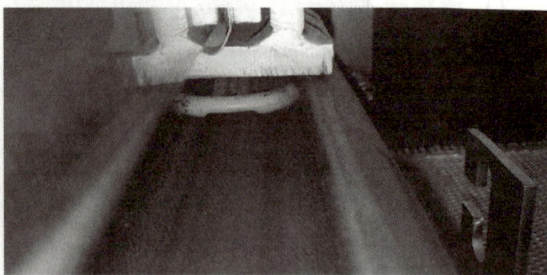

图 4-82　扶手带导向装置

2）若有异响，可调整梯级导轮与梯级间隙为 1mm，减少轴向窜动，如图 4-83 所示。

9. 内外盖板连接

检查内外盖板连接紧密牢固，连接处的接口、缝隙应符合制造单位要求。

10. 围裙板安全开关

围裙板安全开关一般有 4 个，分别安装在扶梯的上、下端的左右各一个（如"学习任务 4.1"所述，可见图 4-27）。

1）检查围裙板安全开关是否紧固，与围裙板的间隙是否在 1~2mm 范围内。

2）在围裙板安全开关位置轻压，听围裙板安全开关的动作的响声，如图 4-84 所示。

图 4-83　调整梯级导轮

a) 围裙板安全开关安装位置　　　　　　b) 撬压围裙板

图 4-84　检测围裙板安全开关

11. 围裙板对接处

1）拆除 3 个连续梯级，检修点动把空位移到相邻两块拼接口处，按下紧急停止按钮。

2）检查两块围裙板拼接处是否平滑，用钢直尺测量拼接处台阶是否符合不超过 0.5mm、围裙板之间间隙不超过 1mm 的要求。

3）检查围裙板固定的状况。

12. 电气安全装置

1）断开主电源，拆出 3 个梯级。

2）检修运行，按从下到上的顺序，依次检查自动扶梯的各电气安全装置的紧固、开关的动作距离及人为动作测试其可靠性。

3）如果测试时安全开关不能在安全技术规范、标准及制造单位要求范围动作，应立即进行安全开关检查，检查间隙是否符合要求，或者安全开关是否损坏，应及时进行间隙调整或更换。

4）测量电气回路和控制回路的绝缘电阻应符合标准要求（动力回路绝缘电阻 $\geq$ 0.5MΩ，控制回路绝缘电阻 $\geq$ 0.25MΩ）。

13. 设备运行状况

1）用钥匙开关操纵自动扶梯正常速度上下运行，至少每个方向运行一个循环以上。

2）上下来回乘坐扶梯（每个方向至少一次），观察扶梯运行状况，观察与感觉扶手带与梯级在运行过程中是否有异常的跳动、振动、抖动和刮碰现象。

3）注意倾听上下运行时驱动站、转向站、梯级与上下梳齿之间、梯级与围裙板之间、梯级与梯级之间是否有异响。

4）观察扶手带与梯级速度是否同步。

5）在扶梯上下出口处观察踏板面齿槽与梳齿板梳齿的啮合情况。

6）乘梯观察梯级与围裙板或毛刷（胶条）的间隙。

📐 任务实施

步骤一：学习准备

1）指导教师对学生进行分组，并进行安全与操作规范的教育。

2）检查需使用的教学设备（如 YL-2170A 型教学扶梯），准备好所需的工具和器材。

3）按照"学习任务 1.2"的规范要求做好维修保养前的准备工作，并设置安全防护栏及安全警示标志（可参见图 1-31、图 4-35）。

4）向相关人员（如管理人员、乘用人员）询问扶梯的使用情况。

步骤二：年度维护保养操作

1）打开盖板、按下紧急停止按钮，关闭电源，接入检修盒，并挂上警示牌。

2）按照 TSG T5002—2017《电梯维护保养规则》"自动扶梯年度维护保养项目（内容）和要求"表 D-4 中所列的 13 个项目进行年度维护保养工作。

3）完成维保工作后，检查收拾工具，将扶梯恢复正常运行，并取走安全护栏。

步骤三：填写年度维护保养记录单

维护保养工作结束后，维护保养人员应填写维护保养记录单，见表 4-10。

表 4-10 自动扶梯年度维护保养记录单

序号	维护保养项目(内容)	维护保养基本要求	完成情况	备注
1	主接触器	工作可靠		
2	主机速度检测功能	功能可靠,清洁感应面、感应间隙符合制造单位要求		
3	电缆	无破损,固定牢固		
4	扶手带托轮、滑轮群、防静电轮	清洁,无损伤,托轮转动平滑		

（续）

序号	维护保养项目（内容）	维护保养基本要求	完成情况	备注
5	扶手带内侧凸缘处	无损伤，清洁扶手导轨滑动面		
6	扶手带断带保护开关	功能正常		
7	扶手带导向块和导向轮	清洁，工作正常		
8	进入梳齿板处的梯级与导轮的轴向窜动量	符合制造单位要求		
9	内外盖板连接	紧密牢固，连接处的凸台、缝隙符合制造单位要求		
10	围裙板安全开关	测试有效		
11	围裙板对接处	紧密平滑		
12	电气安全装置	动作可靠		
13	设备运行状况	正常，梯级运行平稳，无异常抖动，无异常声响		

维修保养人员：　　　　　　　　　　　　　　　　　　　日期：　　年　　月　　日

使用单位意见：

使用单位安全管理人员：　　　　　　　　　　　　　　　日期：　　年　　月　　日

注：完成情况（完好打√，有问题打×，若有维修在备注栏说明）。

评价反馈

根据学习任务完成情况先进行自我评价，然后进行小组互评，最后由教师评价，评价结果记录于表4-11中。

表4-11　学习任务4.3评价表

评价内容	配分	评分标准	自评	互评	教师评
1. 安全意识	10分	1. 不遵守安全操作规范的要求（酌情扣2~5分） 2. 不按安全操作规范使用工具（扣1~2分） 3. 有其他的违反安全操作规范的行为（扣1~2分）			
2. 维护保养操作	60分	1. 维护保养前工具选择不正确（扣10分） 2. 维护保养操作不规范（扣5~30分） 3. 维护保养工作未完成（每项扣10分） 4. 维护保养记录单填写不正确、不完整（每项扣3~5分）			
3. 维护保养记录	20分	根据表4-7~表4-10的记录是否正确和详细给分			
4. 职业规范和环境保护	10分	1. 在工作过程中，工具和器材摆放凌乱（扣1~2分） 2. 不爱护设备、工具，不节省材料（扣1~2分） 3. 在工作完成后不清理现场，工作中产生的废弃物不按规定处置（各扣2分，若将废弃物遗弃在井道内的可扣4分）			
合　　计					

总评分＝自评分×30%＋互评分×30%＋教师评分×40%

项目总结

本项目介绍自动扶梯的基本结构、原理和日常使用管理与维护保养知识。

1）自动扶梯的基本结构主要由桁架、导轨、梯级、驱动装置、扶手带系统等部件所组成，应熟悉自动扶梯的基本结构，了解各个主要部件的作用、构成、分类与工作原理，在此基础上理解整梯的结构与运行原理。

2）要重视对自动扶梯的管理，建立并坚持贯彻严格切实可行的规章制度。注意做好自动扶梯的日常管理工作。

3）TSG T5002—2017《电梯维护保养规则》对自动扶梯和自动人行道的维护保养项目、时间间隔都做了详细具体的规定：有半月、季度、半年和全年维保总计 63 个维护保养项目。一定要严格按照规定做好自动扶梯和自动人行道的维护保养工作。

思考与练习题

4-1　填空题

1. 自动扶梯是带有_____设备。

2. 自动扶梯的倾斜角有_____、_____、_____ 3 种，一般不应大于_____。

3. 自动人行道按使用场所可分为_____型和_____型两种；按照安装位置可分为_____型和_____型两种；按倾斜角分有_____型和_____型两种。

4. 自动扶梯的名义速度有_____ m/s、_____ m/s 和_____ m/s 3 种，最常用的为_____ m/s。当倾斜角为 35°时，其名义速度不应大于_____ m/s。

5. 自动人行道的名义速度有_____ m/s、_____ m/s、_____ m/s 和_____ m/s 四种。

6. 自动扶梯的最大输送能力是指_____。

7. 自动扶梯的基本结构由_____、_____、_____、_____、_____、_____和_____等组成。

8. 自动扶梯安全保护系统包括_____、_____保护装置、_____保护装置、_____装置、_____安全保护装置、_____安全保护装置、_____保护装置、_____保护装置、_____保护装置等。

9. 自动扶梯一般有_____控制方式、_____控制方式、_____控制方式和_____控制方式 4 种运行控制方式

10. GB 16899—2011《自动扶梯和自动人行道的制造与安装安全规范》规定在自动扶梯和自动人行道的入口附近应有"_____""_____""_____"和"_____"安全标志。

11. 按照 GB 16899—2011《自动扶梯和自动人行道的制造与安装安全规范》规定，自动扶梯或自动人行道进行维护后，维护人员必须_____，才能将自动扶梯和自动人行道投入使用。

4-2　选择题

1. 提升高度是指自动扶梯进出口两楼层板之间的（　　　）。

　A. 水平距离　　　　　　　　B. 垂直距离　　　　　　　　C. 直线长度

2. 倾斜角是指自动扶梯（自动人行道）梯级、踏板或胶带运行方向与水平面构成的（　　　）。

　A. 最小角度　　　　　　　　B. 平均角度　　　　　　　　C. 最大角度

3. 自动扶梯的名义速度是指自动扶梯（　　　）。

　A. 空载时的运行速度　　　B. 轻载时的运行速度　　　C. 额定负载时的运行速度

4. 与垂直电梯相比较，自动扶梯更适合于（　　　）的场所。

　A. 人流量大且垂直距离高　B. 人流量少且垂直距离高　C. 人流量大且垂直距离不高

5. 端部驱动式自动扶梯采用（　　　）式驱动。

　A. 链条　　　　　　　　　　B. 齿条　　　　　　　　　　C. 带

6. 起动自动扶梯前应先（　　　）后方可起动。

　A. 确认扶梯上无人　　　　B. 确认扶梯上有人　　　　C. 确认扶梯上无货物

7. 当有人在桁架内作业时，（　　　）检修运行及自动运行。

　A. 允许　　　　　　　　　　B. 禁止　　　　　　　　　　C. 可视情况决定是否允许

8. （　　　）单人在自动扶梯开口部位或开口部位周边及桁架内进行单独作业。

　A. 允许　　　　　　　　　　B. 禁止　　　　　　　　　　C. 可视情况决定是否允许

9. （　　　）在相邻扶手装置之间或扶手装置和邻近的建筑结构之间放置货物。

　A. 允许　　　　　　　　　　B. 禁止　　　　　　　　　　C. 可视情况决定是否允许

10. 有人喜欢在向下运行的自动扶梯上逆行跑步，认为这是提高自己的跑步水平和锻炼自己反应能力的好方法。这（　　　）。

　A. 确实是一种锻炼身体的好方法

　B. 是一种对自己和他人都会造成危害的行为

　C. 只要不影响他人就没有关系

11. 应急救援时应确认在扶梯上（下）入口处已有维修人员进行监护，并设置（　　　）。

　A. 安全警示牌　　　　　　B. 阻拦物　　　　　　　　　C. 粘贴安全警告贴纸

12. 自动扶梯或自动人行道的围裙板设置在梯级、踏板或胶带的两侧，任何一侧的水平间隙不应大于（　　　）mm，在两侧对称位置处测得的间隙总和不应大于（　　　）mm。

　A. 4　　　　　　　　　　　　B. 5　　　　　　　　　　　　C. 7

4-3　判断题

1. 自动扶梯的倾斜角只要不超过 35° 即可，没有什么具体要求。（　　　）

2. 为节省安装位置，可适当提高扶梯的倾斜角。（　　　）

3. 未经定期检验或者检验不合格的自动扶梯和自动人行道不得继续使用。（　　　）

4. 自动扶梯和自动人行道的起动钥匙可由多人共同保管。（　　　）

5. 为了提高设备的利用率，在不载运乘客时可以用自动扶梯载运货物。（　　　）

6. 为了提高设备的利用率，在不载运乘客以及在停电或因故障不能使用时，可以将自

动扶梯作为楼梯使用。（　　）

　　7. 婴儿车、手推车、自行车等不能直接推上自动扶梯。（　　）

　　8. 合适的手推车可以推上自动人行道。（　　）

　　9. 在紧急情况下可以立即按下紧急停止按钮停梯，而不需要理会梯上的人员。（　　）

　　10. 维修保养人员必须经过培训考核，并取得国家级质量技术监督部门颁发的资格证书，才能工作。（　　）

　　11. 在自动扶梯上，不能将头部、四肢伸出梯级以外，以免受到障碍物、天花板、相邻的自动扶梯的撞击。（　　）

　　12. 在扶梯上段、中段、下段 3 个位置，使用斜塞尺测量同一级梯级与围裙板的间隙，应取测量的最小值。（　　）

4-4　学习记录与分析

　　1. 分析表 4-1、表 4-2 中记录的内容，小结观察自动扶梯的主要收获与体会。

　　2. 分析在使用自动扶梯时须注意的事项，小结学习自动扶梯安全操作规程的收获与体会。

　　3. 分析自动扶梯部件故障应急救援方法，小结自动扶梯部件故障时的应急方法。

　　4. 分析自动扶梯的使用与管理办法，小结学习体会和表 4-5 中记录的内容。

　　5. 根据表 4-7～表 4-10 中记录的内容，小结自动扶梯维护保养工作的主要收获与体会。

4-5　试叙述对本项目与实训操作的认识、收获与体会

附录 电梯的主要法律法规和国家标准、技术规范

电梯制造、安装、管理和维修保养所依据的主要的国家法律、法规和国家标准（包括行业标准和安全技术规范）见附表。

附表 电梯的主要国家标准和规定

序号	发布文号或标准编号	内容	发布机关	发布日期	实施日期
1	中华人民共和国主席令第四号	《中华人民共和国特种设备安全法》	①	2013 年 6 月 29 日	2014 年 1 月 1 日
2	中华人民共和国国务院令第 549 号	《特种设备安全监察条例》	②	2009 年 1 月 24 日	2009 年 5 月 1 日
3	国家质量监督检验检疫总局令第 140 号	《特种设备作业人员监督管理办法》	⑤	2011 年 5 月 3 日	2011 年 7 月 1 日
4	国家市场监督管理总局令第 74 号	《特种设备使用单位落实使用安全主体责任监督管理规定》	⑥	2023 年 4 月 4 日	2023 年 5 月 5 日
5	TSG 08—2017	《特种设备使用管理规则》	⑤	2017 年 1 月 16 日	2017 年 8 月 1 日
6	TSG T5002—2017	《电梯维护保养规则》	⑤	2017 年 1 月 16 日	2017 年 8 月 1 日
7	TSG T7001—2023	《电梯监督检验和定期检验规则》	⑥	2023 年 4 月 2 日	2023 年 4 月 2 日
8	TSG Z6001—2019	《特种设备作业人员考核规则》	⑥	2019 年 5 月 27 日	2019 年 6 月 1 日
9	GB/T 7024—2008	《电梯、自动扶梯、自动人行道术语》	③	2008 年 12 月 6 日	2009 年 6 月 1 日
10	GB 16899—2011	《自动扶梯和自动人行道的制造与安装安全规范》	③	2011 年 7 月 29 日	2011 年 7 月 29 日
11	GB/T 18775—2009	《电梯、自动扶梯和自动人行道维修规范》	③	2009 年 10 月 15 日	2010 年 3 月 1 日
12	GB 2894—2008	《安全标志及其使用导则》	③	2008 年 12 月 11 日	2009 年 10 月 1 日
13	GB/T 31200—2014	《电梯、自动扶梯和自动人行道乘用图形标志及其使用导则》	③	2014 年 7 月 23 日	2015 年 2 月 1 日
14	GB/T 34146—2017	《电梯、自动扶梯和自动人行道运行服务规范》	③	2017 年 9 月 7 日	2018 年 4 月 1 日
15	GB/T 7588.1—2020	《电梯制造与安装安全规范 第 1 部分：乘客电梯和载货电梯》	④	2020 年 12 月 14 日	2022 年 7 月 1 日
16	GB/T 21739—2008	《家用电梯制造与安装规范》	③	2008 年 5 月 7 日	2008 年 11 月 1 日
17	GB/T 10058—2023	《电梯技术条件》	④	2023 年 9 月 7 日	2024 年 4 月 1 日